目录

U0321847

欢迎来到LALYLALA乐园

致昆虫爱好者和
钩编探险家们

拿起您的研究装备（钩针、剪刀和毛线），跟着我们一起进入
充满魔法和科学、小生物和大梦想的微观世界吧！

在这本书里，您不仅会发现一些可以创造出甲虫、美丽的幼虫和
翩翩起舞的蝴蝶的钩编制作方法，还会发现一些可以大声朗读和
思考的奇妙故事：一段关于成长、接受改变和的故事。

我们看着这些小生物们从各自的卵中孵化，看着他们在这个绿色世界津津有味咀嚼
着，最后破茧而出，不禁为这些惊人的蜕变而感动。让我们在探索中寻找出蜗牛
如此匆忙的原因，甲虫所追寻的是什么梦想，还有苍蝇为了出名做了什么努力。

按照书中的制作方法，创造属于自己的昆虫小朋友的新搭配。每一
周，给毛毛虫搭配不同的翅膀，或者让甲虫披上更华美的翅膀套装。
从大自然中找寻灵感，以此创造出属于自己的玩偶。这是一个充满许
多可能的小世界。祝您在探索和学习的旅途中收获许多快乐！

Lydia

Lalylala探险队领袖

蝴蝶的生命周期

完整变形的魔力

卵

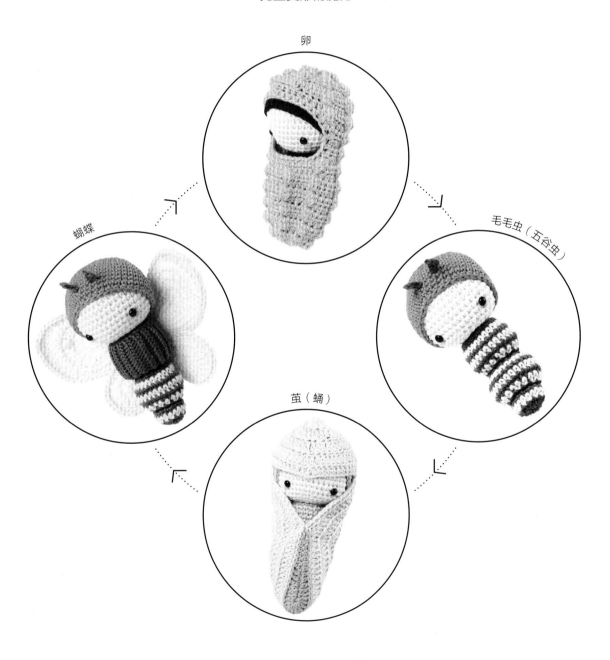

蝴蝶

毛毛虫（五谷虫）

茧（蛹）

A STORY OF
TINY CREATURES
AND BIG DREAMS

小动物也有大梦想

一只小**毛毛虫**睁开双眼，发现自己在一个完全陌生的环境中，里面圆圆的、窄窄的，又黑又暗，很不舒服。

她蜷成一团呆在里面，很快她就感到累了，想要伸个懒腰。

A **CATERPILLAR** wakes up and finds herself in a strange new world. It's round and dark, quite narrow and very boring.

She stays curled up in a ball for a while, but soon she needs to have a good stretch.

Quite suddenly the caterpillar's world bursts open.

"Wow!" she cries with delight. "The world isn't a sphere after all – it's a disc!"

"A green disc, to be precise."

突然，裹着毛毛虫的卵破了，毛毛虫从里面钻了出来。

"哇！"她兴奋地叫起来，"原来世界不是球形的，而是一个圆盘！"

"一个绿色的圆盘。"

There are more eggs on the disc and
other larvae are hatching out of them.

圆盘上还有很多虫卵，
一些虫宝宝正从卵里孵化出来。

Everyone introduces themselves and they start to
chat about what they want to be when they grow up.
They all have grand plans and great expectations!

虫宝宝们相互介绍自己，并且开始畅谈她们长大以后的梦想。
每一只虫宝宝都有宏伟的计划，对未来充满了希望！

"What do you want to be, Caterpillar?" one of them asks.

"Oh, umm ... I'm not sure, I haven't decided that yet," she replies bashfully.

"毛毛虫，你以后想做什么？"
一只虫宝宝问小毛毛虫。

"嗯……我还不确定，我没想好以后要做什么呢。"
小毛毛虫害羞地回答。

While she listens to the others talk about their plans, the caterpillar begins to daydream, absent-mindedly chewing on the edge of the LEAF.

小毛毛虫一边听其他虫宝宝讨论他们的计划，一边出神地咬着**叶子**边缘，陷入了遐想。

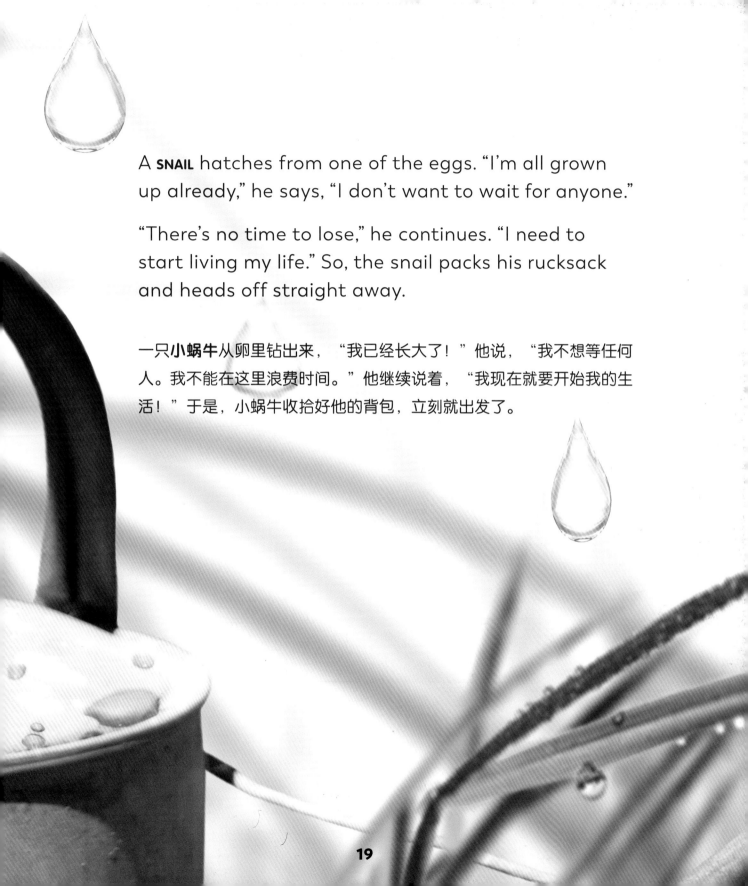

A **SNAIL** hatches from one of the eggs. "I'm all grown up already," he says, "I don't want to wait for anyone."

"There's no time to lose," he continues. "I need to start living my life." So, the snail packs his rucksack and heads off straight away.

一只**小蜗牛**从卵里钻出来，"我已经长大了！"他说，"我不想等任何人。我不能在这里浪费时间。"他继续说着，"我现在就要开始我的生活！"于是，小蜗牛收拾好他的背包，立刻就出发了。

The larvae stay behind.

其他虫宝宝呆在后面，
就这样看着蜗牛离开了。

20

The caterpillar is too afraid to follow the quick, brave snail. Quite green with envy, she takes an extra big bite out of the leaf.

小毛毛虫还在犹豫不决，所以没及时跟上勇敢的蜗牛。
她心中满是妒忌，狠狠地咬了一口叶子。

一只**小五谷虫**从另一颗卵里钻了出来。

"我将会成为一个大明星！"他自信地宣布。

22

A **MAGGOT** hatches from another egg.

"I'll become a famous performer!"
he confidently proclaims.

No-one believes the maggot can do it because he's so small and ugly. But while everyone is still laughing at him, he pupates and the next minute the maggot has turned into a **FLY**!

没有谁相信小五谷虫会成功，大家都觉得他又小又丑。
当所有人还在嘲笑他的时候，他摇身一变，变成一只**苍蝇**！

The fly soars high and dashes here and there. He hums and buzzes whilst performing daring somersaults, surprising everyone with his incredible aerial antics.

小苍蝇在空中飞来飞去，一边发出嗡嗡嗡的声音，一边大胆地表演空翻，他那令人难以置信的空中动作，使每个小动物都感到十分惊奇。

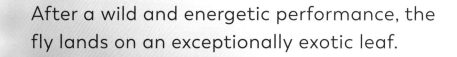

After a wild and energetic performance, the fly lands on an exceptionally exotic leaf.

经过一场疯狂的精彩表演以后，小苍蝇落在了一片与众不同的叶子上。那是捕蝇草的叶子。

The **VENUS FLYTRAP** closes like the curtain at the end of a show – and then there is silence.

就像演出结束时合上幕布一样，**捕蝇草**慢慢地合上，把小苍蝇包在了里面。整个世界又安静了。

The caterpillar, who has been holding her breath during the fly's exciting performance, slowly exhales. Lost in thought, she takes another bite out of the leaf.

小苍蝇表演时，小毛毛虫一直屏住呼吸，
这会儿才慢慢舒缓过来。
她又咬了一口叶子，陷入了沉思。

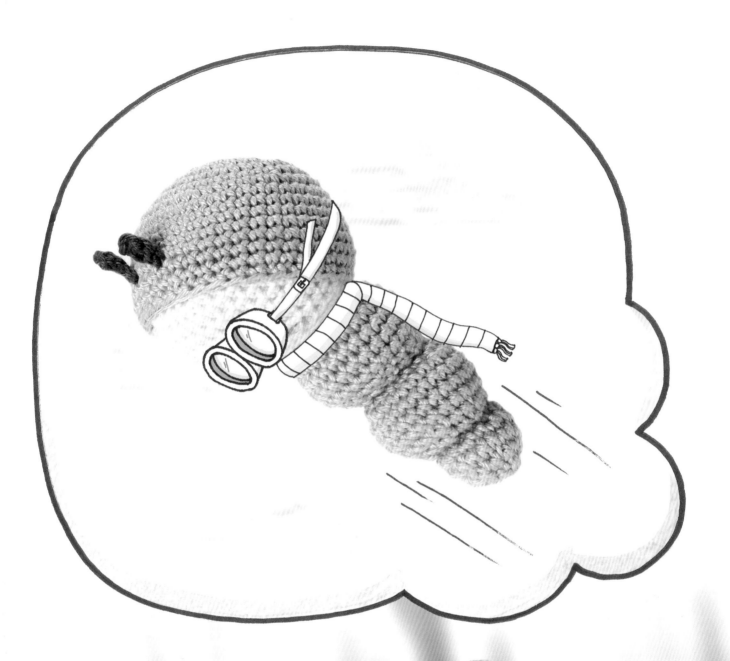

虽然其他幼虫很快就忘记了小苍蝇，但是小毛毛虫却一直不停地想起小苍蝇。她被小苍蝇的飞行表演深深吸引，她决定也要冒险尝试下。

While the other larvae quickly forget about the fly, the caterpillar can't stop thinking about him. She is so fascinated by the flying display that she decides to take a risk too.

The caterpillar has another bite to eat to gather some strength for her bold venture and then concentrates really hard on becoming something different, just like the fly did.

The caterpillar tries so hard that she literally jumps out of her skin!

小毛毛虫又咬了一口叶子，希望能够为自己勇敢的想法积蓄一些力量，努力变得像小苍蝇一样与众不同。

她一直拼命努力，恨不得能马上从她那层皮里挣脱出来。

然而令她失望的是，尽管她比之前漂亮了一点，但她仍然
只是一只普普通通的毛毛虫。

"难道是因为我吃得不够多么？"她若有所思地说到。

Disappointed, she sees that although she has become a bit more colourful, she's still just a caterpillar.

"Perhaps I didn't eat enough?" she muses.

37

甲壳虫宝宝觉得小毛毛虫是在浪费时间做白日梦。
她说："我已经计划好自己的未来了，
我很清楚自己长大后会变成什么样子！"

The **BEETLE LARVA** thinks that the caterpillar's daydreaming is just a waste of time. "I already know what I want to be," she says. "I have a masterplan!"

"There's no need to rush things like the fly did," the beetle larva decides. First, she'll spend a long time preparing all the details of her future life while she's a larva, then she'll have a short break as a pupa.

甲壳虫宝宝觉得她没必要像小苍蝇那样急于求成。她知道，当她是幼虫的时候，她要花很长时间为未来生活做准备，然后在短暂的休息后变成蛹。

And finally she'll get her well-deserved beetle wings, designed with a simple yet elegant pattern.

最后，甲壳虫宝宝会顺其自然地长出一对翅膀，上面还会有简单而漂亮的图案。

Compared to the **LADYBIRD**, there's nothing simple or elegant about the caterpillar. Since shedding her skin again, she has become even more wildly coloured.

"Oh dear, why do I just stay the same old, boring caterpillar?" she wonders, sadly.

经历过再一次**蜕皮**以后，甲壳虫宝宝颜色变得更艳丽了。
而小毛毛虫还是那个样子。

"哦，天啊！为什么我还是一只又老又丑的毛毛虫呢？"
毛毛虫很伤心。

"我的朋友们都已经飞走了，去过她们自己的生活。而我却一直待在这里，除了越来越胖，没有其他变化。"小毛毛虫一边抱怨，一边啃着树叶来安慰自己。

她发现叶子不太对称，所以又咬了一口叶子，想让叶子恢复整齐。

恍惚间，叶子不见了。原来，小毛毛虫把整片叶子吃掉了！

"All of my friends have flown away to start living their lives and I'm stuck here just getting fatter," the caterpillar complains as she nibbles on the leaf to comfort herself.

She notices that her leaf has changed and looks very uneven, so she takes another bite to balance it out.

Suddenly the leaf is no longer there. The caterpillar has eaten it all!

The caterpillar falls and only just manages to hold on to the stem of the leaf. Her life hangs by a silk thread. She is so frightened that she accidentally pupates.

Safe in her cocoon, the caterpillar doesn't stir for a very long time.

小毛毛虫掉了下来，情急之下，她只能抓住一根小草。小毛毛虫非常害怕，待在那里一动不敢动，慢慢地，她长出茧开始化蛹了。

就这样，小毛毛虫安全地待在她的茧里，熟睡了很长时间。

When the caterpillar finally wakes up, it's once again dark and cramped like in her old egg.

The caterpillar decides to come out of her cocoon but she is stuck – something is stopping her. She pulls and tugs a bit more, and suddenly two large wings appear.

"Wow!" she cries, delighted. "Who would have thought?"

当小毛毛虫最终醒来的时候，她发现周围又是黑黑的窄窄的，就像她最开始在卵里时一样。

小毛毛虫想从茧里出来，却发现自己被什么东西困住了。

她用力地又拉又拽，突然发现自己长出了一对大翅膀。

"哇哦！"她高兴地喊出来，"我竟然真的长出翅膀啦？"

She stays hanging in her cocoon a little while longer to get used to her new wings, and then she's ready to flutter away.

她在茧里呆了一会，慢慢适应她的新翅膀，为飞出去做准备。

From far above, she sees the small plant where she has lived until now. Then she spots the snail – just a few steps away.

Looking around, she discovers many other plants and **BUTTERFLIES** and, beyond that, a big wide world.

她飞得很高，看到了之前她周围的植物。然后她看到了小蜗牛，刚刚走出了不远。

她张望了一圈，发现了更多种类的植物，还有很多很多的蝴蝶，最重要的是，她看到了一个更广阔的世界。

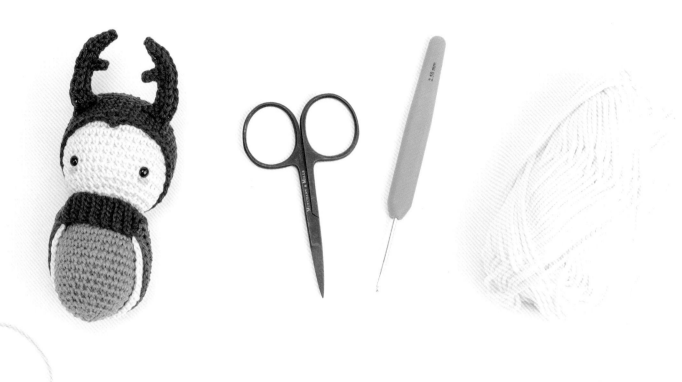

TECHNIQUES

基础技法

工具与材料

钩针和线材

可以根据个人喜好，选择任意线材和钩针，但是要记住在选择比书中所指定的线材还要粗的毛线制作玩偶时，所选线材总重量也要相应增加。

按照本书的制作方法，您需要准备：

钩针：US C/2（2.5mm/2.25mm）——根据个人手松紧情况，也可以使用B/1（2mm）钩针

棉线：sport/4股（尺寸2码，细线或中细线）

以下为我所使用的Scheepjes品牌对应线材：

Scheepjes Catona（100%丝光棉，25g/62m或50g/125m，10cm×10cm=26针×36行）。

钩针：US E/4（3.5mm）——也可以使用G/6（4mm）钩针。

棉线：worsted/aran（尺寸4码，中粗线）。

以下为我所使用的Scheepjeps对应线材：

Scheepjes Stone Washed XL（70%棉/30%腈纶，50g/75m，10cm×10cm=19针×14行）。

其他工具与材料

除了钩针和线，还需要准备以下工具与材料：

玩具眼睛：黑色，尺寸5mm；或者使用深灰色线材绣眼睛（详见安全提示P57）。

珠子：3mm淡绿色珠子用于蚜虫脚，20mm木色珠子用于叶子开合（详见安全提示P57）。

柔软填充物：本书使用聚酯纤维填充物。

剪刀：锋利的即可。

记号扣：也可以使用一根与织物颜色对比明显的线，回形针或者别针也可以。

珠针：使用圆头珠针，这样可以避免穿入到玩偶里找不到。

钝头缝衣针：针眼较大，便于穿过毛线。

猫毛梳子或软钢丝刷：可以在织物表面刷出毛绒绒质感（用于制作飞蛾）。

一般性建议

开始制作玩偶

选择钩针

为了防止织物填充后，由于拉伸而产生大的空隙，请选择比线团上标记的针号小一号的钩针。

如果针号变小后发现织物仍然太松，使用再小一号的钩针，直到达到标准的状态。

使用记号扣

在每圈的第1针上做标记，以便于找到每一圈的起始位置，这样也可以帮助您核对织物与制作方法针数是否一致。

填充

为了能将玩偶塑好形态，使用正确的方式进行填充是一个要点。尽量填充饱满——也就是说，要填充紧实！当您觉得填充得足够多的时候，可能需要再填充一些（填充至捏玩偶感觉像在捏网球时，就可以了）。使用一根筷子作为辅助，调整填充物，使之填充到每一个位置。

"1个玩偶很少会用掉一整团毛线，所以可以用剩余线材制作许多其他制作方法里的昆虫。"

螺旋圈钩

为了得到更立体的三维效果，需要使用连续螺旋圈钩的方法。这就意味着无需在每圈的第1针上钩织引拔针结束，而是直接在第1针上钩织对应针法来开始下一圈。

第1针位置轻微移位

在按照螺旋钩织的时候，织物每圈的起始位置会有轻微移位，例如会向右倾斜（或者用左手编织的时候会向左倾斜），这是在螺旋钩织时的正常现象，不用担心。

闭合圈钩

在钩织玩偶的某些部分时需要使用闭合圈钩的方法，也就是在每圈第1针上钩织引拔针来结束这一圈。在下一圈开始时，需要钩织1针或更多针数的锁针作为起立针，从而达到下一圈针法的高度，并按照上一圈相同钩织方向钩织。但是每个规律都有特例，例如，在某些制作方法里，你需要翻转织片，然后按照与上一圈相反钩织方向开始钩织下一圈，就像片钩时采用的方式。

安全提示

如果玩偶用于小宝宝或是3岁以下儿童，请确保玩偶的安全性。

确保玩偶每一个部分与身体缝合得足够结实。

可选择性减少一些细节，比如触角。

勿使用玩具眼睛，请用深灰色毛线或刺绣线代替。

勿使用珠子来制作蚜虫的脚，请用线代替。叶子上不要使用珠子作为开合扣。

勿使用毛绒的线材，因为绒线纤维容易被吸入或误食。

装饰性设计

想让玩偶与众不同的方法有很多，这里有一些建议供采纳。

尺寸

选择不同规格的线材以及对应型号的钩针制作大型或迷你尺寸的玩偶。

用途

在毛毛虫脑袋里面加入摇铃器使其变成宝宝摇铃。

制作一个大型的甲虫，在里面塞入音乐盒，可以变为音乐玩具。

用粗线钩织一个大型蚜虫，可以用来给小宝宝当作垫子，或者给学步期的孩子当坐骑玩具。

颜色

让玩偶与众不同最简单的方法就是改变颜色。可以使用纯色或是彩色线材，也可以尝试用毛绒线或者其他质感的线。

特征

可以给毛毛虫加上鼻子和嘴巴，或者用毛线做一些头发。为了让玩偶看起来像日本糖果一样可爱，要注意眼睛、眉毛、鼻子或嘴巴的位置。比如，眼睛应该放在头部最下面第3圈的位置，鼻子在距离眼睛低一圈的位置。

刺绣

通过在表面钩织或刺绣的方式，让玩偶独一无二。在织物表面装饰上、几何图形、花朵或是十字绣设计。用缎绣绣出圆眼睛或是用回针绣绣一对睡觉的咪咪眼来取代玩具眼睛。

亮片和水钻

为了使玩偶更加耀眼，可以使用金属效果的线材或绣线做装饰，也可以用编织线材进行刺绣（把不同线材合股使用）。还可以使用珠子和亮片进行装饰，但是添加了这些材料的玩偶切勿给低于3岁的儿童玩耍。

"在大自然中，一切事物都有各自不同的样貌，快去寻找灵感吧！"

编织图解读

在蝴蝶、飞蛾和苍蝇翅膀部分，除了文字制作方法，还提供了图形制作方法。以下为不同符号所对应的针法或操作。

◄   起针点

◁   每圈/行开始位置

•   引拔针

○   锁针

+   短针

⊤   中长针

⸸   长针

⹋   长长针

⤬   短针1针分2针

V   中长针1针分2针

Ѵ   长针1针分2针

⤢   在同1个针脚上钩1针中长针和1针短针

Ѵ   在同1个针脚上钩1针长针和1针中长针

2)   2针锁针洞眼

⌣   前半针

⌢   后半针

@   魔术环

✻   记号扣

文字解读

想要了解文字解读，首先得了解如何看懂制作方法中的指示，例如以下文字和符号的含义。

[...] × 次数

需要连续重复括号中的钩织指示，所重复的次数按照括号后的次数完成。

举例

[2针短针，短针1针分2针] 重复5次

需要在前2个针脚上钩织2针短针（在第1个针脚上钩1针短针，再在第2个针脚上钩1针短针）。

接着在第3个针脚上钩1个短针1针分2针的针法（在同一个针脚上钩出2针短针进行加针）。

现在您按照[2针短针和1个短针1针分2针]的钩织规律重复往下钩织，直到一共完成5次这样的钩织。

" ... "

在同一个针脚上或同一个位置上钩织""中的针法指示。

举例

3针长针，"1针中长针+1针长针"

在前3个针脚上钩织3针中长针（每个针脚上钩1针中长针）。

接着在第4个针脚上同时钩1针中长针和1针长针。

举例

2针短针，[3针中长针，"1针中长针+1针长针"] 重复7次

在开头钩2针短针（2个针脚上各钩1针短针）：

接着，按照括号里的针法指示重复钩织7次：

在相邻3个针脚上钩3针中长针（每个针脚上钩1针中长针）。

往下在第4个针脚上同时钩1针中长针和1针长针。

继续按照钩织3针中长针和一组1针中长针和1针长针的规律，再重复钩织6次，加上前面的步骤，一共钩了7次。

(...)

括号内的数字表示钩完当前这一行或这一圈后的总针数或行/圈数。

举例

[2针短针，短针1针分2针] 重复5次。（ 20 ）

当前行或圈共有20针。

常用针法

锁针

钩针绕线1圈，将线从钩针上的针脚钩出，完成1针锁针。

引拔针

钩针穿入针脚，绕线1圈，将线一次性从针脚和钩针上的线圈钩出。

短针

钩针穿入针脚，绕线1圈，将线从针脚里钩出（此时钩针上一共有2个线圈），钩针绕线1圈并将线一次性从钩针上的2个线圈钩出。

中长针

钩针绕线1圈，穿入针脚，绕线1圈，将线从针脚里钩出（此时钩针上一共有3个线圈）。钩针绕线1圈并将线一次性从钩针上的3个线圈钩出。

长针

钩针绕线1圈，穿入针脚，绕线1圈，将线从针脚里钩出（此时钩针上一共有3个线圈）。钩针绕线1圈，将线从钩针上的前2个线圈里钩出（钩针上还剩2个线圈），再次绕线并将线一次性从钩针上剩下的2个线圈里钩出。

长长针

钩针绕线2圈，穿入针脚，绕线1圈，将线从针脚里钩出（此时钩针上一共有4个线圈）。钩针绕线1圈，将线从钩针上的前2个线圈里钩出（钩针上还剩3个线圈），再次绕线并将线从钩针上的前2个线圈里钩出（钩针上还剩2个线圈），绕线1圈，将线一次性从剩下的这2个线圈里钩出。

"就像钩编一样，昆虫们也有属于它们自己的语言暗号。有些用嗅迹、声音和光，蜜蜂更喜欢用跳舞的方式传达信息。"

在同1个针脚上钩出4针长针未完成针（钩针上一共有5个线圈）。

钩针绕线一次性穿过钩针上的5个线圈完成1个泡泡针。

泡泡针

　　钩针绕线1圈，穿入针脚，绕线并将线从针脚里钩出，钩针再绕线1圈并从钩针上的前2个线圈里钩出（钩针上还是2个线圈）。

　　钩针绕线1圈，穿入同一个针脚，绕线并将线从针脚里钩出，钩针再绕线1圈，然后将线从钩针上的前2个线圈里钩出（钩针上有3个线圈）。

　　钩针绕线1圈，穿入同一个针脚，绕线并将线从针脚里钩出，钩针再绕线1圈，然后将线从钩针上的前2个线圈里钩出（钩针上有4个线圈）。

　　钩针绕线1圈，穿入同一个针脚，绕线并将线从针脚里钩出，钩针再绕线1圈，然后将线从钩针上的前2个线圈里钩出（钩针上有5个线圈）。

　　绕线1圈，将线一次性从这5个线圈里钩出（见图1和图2）。

泡泡针：

　　在钩织泡泡针时，织物反面面向自己（见图1和图2），泡泡凸起的纹理显现在织物正面（见图3）。

2针锁针

钩针穿过针脚前半针和顶端横线。

钩1针引拔针完成狗牙针。

狗牙针（锁针2针的狗牙针，锁针1针的狗牙针）

锁针2针的狗牙针

　　钩2针锁针，将钩针穿过最后1针长针（或中长针）的针脚的前半针和顶端横线，在里面钩1针引拔针（见图4~6）。

锁针1针的狗牙针

　　钩更小的狗牙针时，只需先钩1针锁针，然后再挑前半针和顶端横线钩1针引拔针。

"言归正传，来看一看狗牙针吧！"

重 点 教 程

魔术环起针法

将线在手指上绕一圈，并用大拇指捏住线圈连接点（这里是线头交叉的位置）（见图1）。

将钩针从手背的线圈穿入，将连接着线团一端的线从线圈里钩出（见图2）。

钩1针锁针——见图3。这1针锁针起到固定线圈的作用，不算针数。再将线圈从手指上取下。

接着，按照制作方法要求在线圈里钩织对应针法（见图4）：将钩针穿入线圈（穿入到2根重叠的线下方——1根形成环，另外1根是线头）。钩针绕线1圈，将线从线圈里钩出，再绕线1次，并将线从钩针上的2个线圈一次性钩出，完成第1针短针。

按图解钩织完成第1圈后，拉动起针预留的线头来收紧中心的线圈（见图5）。

开始下一圈

按照制作方法要求，可以用以下2种方法进行下一圈的钩织：

方法1：直接在第1圈的第1针上开始钩织第2圈（见图6）。

方法2：先在第1圈的第1针上钩织1针引拔针结束这一圈，接着钩1针锁针起立针作为第2圈的起始（见图7）。

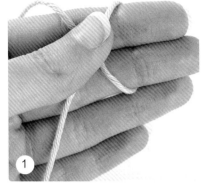

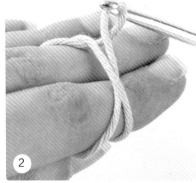

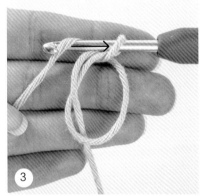

4

其他高度的针法：

如果在起针的线圈里钩织的是其他高度的针法，例如中长针或者长针，在线圈里钩织对应针法前，需要在起始位置钩对应数量的锁针作为起立针（按照制作方法要求钩织）。

5

6

7

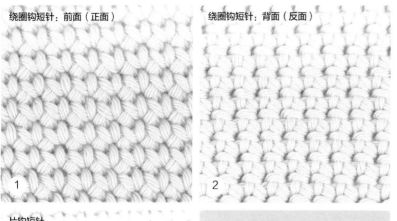

绕圈钩短针：前面（正面）

绕圈钩短针：背面（反面）

1

2

片钩短针。

3

提示：

在绕圈钩短针时，正面可以看见"Ⅴ"字形样式，反面可以很清晰地看出在同一条线上的横针。在片钩短针时，无论在正面还是反面，可以同时看见"Ⅴ"字形和横针。

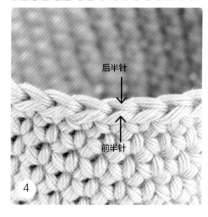

后半针

前半针

4

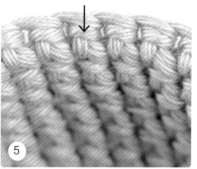

背面凸痕（背面横针）

5

织物的正面/反面

出于许多原因，在钩织时区分哪个是正面（前面）哪个是反面（背面）很重要（例如：制作方法要求只挑前半针或后半针钩织的情况）。图1~3可以分别看见绕圈钩织和片钩的短针织物其的正面和反面呈现不同状态。

前半针/后半针

前半针

前半针是靠近自己的那一根线。如果钩编制作方法要求只挑前半针钩织（例如：挑前半针钩短针），只需将钩针穿入前半针的1根线里钩织即可（见图4）。

后半针

后半针是远离自己的那一根线。如果钩编制作方法要求只挑后半针钩织（例如：挑后半针钩短针），只需将钩针穿入后半针的1根线里钩织即可（见图4）。

背面凸痕（背面横针）

背面凸痕或背面横针，在后半针的正下方。在这个位置钩织后，织物表面可以看见一条明显"Ⅴ"字形状的针法。可以用它钩出很清晰的90°角（见图5）。

锁针链起针的正面和反面

锁针的前面（正面）较平整，可以看见相互连接的一串"V"字形（见图1）

锁针的背面（反面），是凹凸不平的里山（见图2）。

挑锁针背面的里山钩织可以得到比较平整的边缘。

短针2针并1针

立体织物的隐形短针2针并1针的减针

钩针挑第1针针脚的前半针，再挑想要减针的第2针针脚的前半针，现在钩针上有2个前半针的线圈和上一针完成时的1个线圈（共3个线圈）（见图3）。

钩针绕线1圈，将线一次性从前2个半针的线圈里钩出（见图3和4）。

钩针再绕线1圈，按照钩短针的正常方法，将线一次性从钩针上剩下的2个线圈里钩出，完成1针短针（见图4和5）。

标准短针2针并1针的减针

钩针穿入第1针的针脚。

钩针绕线1圈，将线从针脚里钩出（此时钩针上一共有2个针脚）。

钩针穿入第2针的针脚。

绕线将线从针脚里钩出（此时钩针上一共有3个线圈）。

钩针绕线1圈，并将线一次性从钩针上的3个线圈里钩出。

1

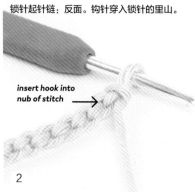

insert hook into nub of stitch →

2

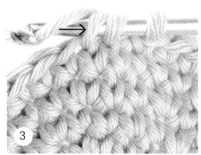

3

4

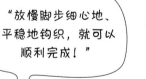

"放慢脚步细心地、平稳地钩织，就可以顺利完成！"

5

提示：

在钩编立体织物时（圈钩），按照隐形短针2针并1针的方法进行减针。（隐形减针方法同样适用于其他高度的针法，例如中长针或长针。）

在片钩的时候，织物反面也会同时展现出来，所以使用标准短针2针并1针的方法减针即可。

63

标准中长针2针并1针的减针

钩针绕线1圈。

穿入第1针的针脚。

钩针绕线1圈并将线从针脚里钩出（此时钩针上有3个线圈）。

钩针穿入第2针针脚。

钩针绕线1圈并将线从针脚里钩出（此时钩针上有4个线圈）。

绕针绕线1圈并将线一次性从钩针上的4个线圈里钩出。

标准长针2针并1针的减针

钩针绕线1圈，穿入第1针的针脚。

钩针绕线1圈并将线从针脚里钩出（此时钩针上有3个线圈）。

钩针绕线1圈并将线从钩针上的前2个线圈里钩出（此时钩针上有2个线圈）。

钩针绕线1圈，穿入第2针的针脚。

钩针绕线1圈并将线从针脚里钩出（此时钩针上有4个线圈）。

绕针再绕线1圈并将线从钩针上的前2个线圈里钩出（此时钩针上有3个线圈）。

钩针绕线1圈并将线一次性从钩针上的3个线圈里钩出。

标准长长针2针并1针的减针

钩针绕线2圈，穿入第1针的针脚。

钩针绕线1圈并将线从针脚里钩出（此时钩针上有4个线圈）。

钩针绕线1圈并将线从钩针上的前2个线圈里钩出（此时钩针上有3个线圈）。

钩针绕线1圈并将线从钩针上的前2个线圈里钩出（此时钩针上有2个线圈）。

钩针绕线2圈，穿入第2针的针脚。

钩针绕线1圈并将线从针脚里钩出（此时钩针上有5个线圈）。

钩针绕线1圈并将线从钩针上的前2个线圈里钩出（此时钩针上有4个线圈）。

钩针绕线1圈并将线从钩针上的前2个线圈里钩出（此时钩针上有3个线圈）。

钩针绕线1圈并将线一次性从钩针上的3个线圈里钩出。

提示：

在超过3针的中长针减针时（中长针3针并1针），将钩针穿入第3针的针脚，绕线将线钩出针脚（此时钩针上有5个线圈）；钩针再绕线1圈并将线一次性从钩针上的5个线圈里钩出。

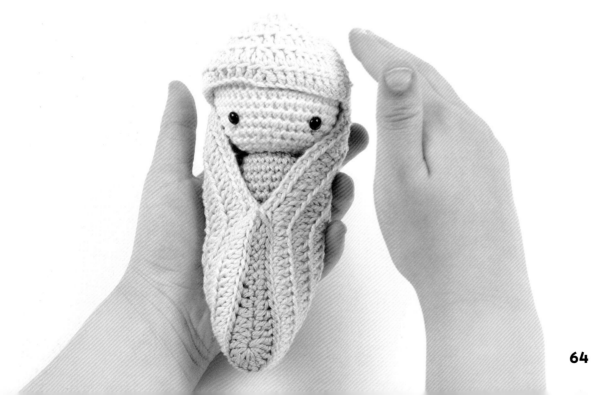

换新线或换色

可以在当前这一圈或这一行最后1针的位置换成其他颜色的线材，方法如下：在最后1针钩织到最后一步时，也就是钩针上剩下2个线圈时，取出新颜色的线材，用钩针绕新线1圈，并将线一次性从钩针上的2个线圈里钩出（见图1），在下一针钩织时，钩针上的线圈即为新线钩织的第1针线圈。

直立短针换线法

用新线打一个活结套在钩针上，接着将钩针穿入制作方法要求的针脚，钩针绕线1圈，将线从针脚里钩出（见图2），钩针再绕线1圈，将线一次性从钩针上的2个线圈里钩出，完成短针的钩织（见图3和4）。

活结换线法

用新线材打一个活结（不用套在钩针上）。钩针穿入制作方法要求的针脚。再将活结的线圈套到钩针上（见图5），并将活结的线圈从针脚里钩出（见图6）。注意活结扣保持在织物反面，不要钩出。接着在相邻的针脚里钩织，或是按照制作方法要求钩织对应数量的锁针。（例如：开始新一圈的钩织）。

也可以按照个人喜好，直接将钩针穿入到制作方法要求的针脚里，然后钩针绕线将线从针脚里钩出（不用提前打一个活结）。

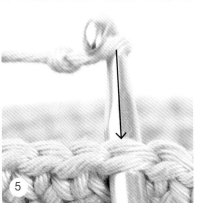

边钩边收线头的方法：

在三维立体钩织中，可以将新线材起始位置预留的线头和旧线材预留的线头在后面的钩织过程中，边钩边收进去。

为此，您要将这2根线头沿着编织方向在织片边缘位置放好，之后将线头包裹着继续钩织4~5针。

直立针法换线法：

当您按照直立针法换线的时候，不需要钩起立针。该直立针法和标准针法相同，并算作1针。

直立针法换线也适用于高度较高的针法：例如，直立长针，用指头捏住活结的扣，防止线圈活动。然后钩针绕线1圈，穿入针脚，并按照标准长针的钩织方法完成即可。

跳过1针

1

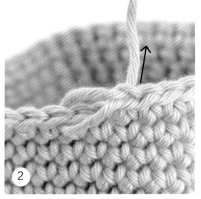

2

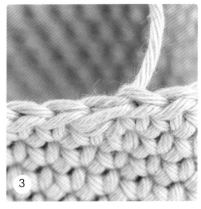

3

提示：

在采用隐形收针的方法时，收针后边缘比较平整。为了收针更完美，可以在收针前额外钩1针引拔针。

当织物是由高度较高的针法组成时，可能需要钩织一些高度较短的针法补齐高差：例如，如果最后1针是长针，额外钩1~2针中长针，1~2针短针，1针引拔针，尽可能将高低边缘自然连接起来。

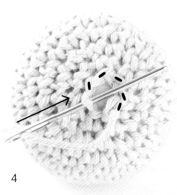

4

5

6

7

收针

断线，将线头从钩针上最后1个线圈里穿过，拉紧。最后用线头将剩下的线圈收紧。

隐形收针的方法

断线，将线头从最后1个线圈里拉出，并穿上缝衣针。跳过相邻的1针位置，将缝衣针按照钩针的方式从相邻第2针的针脚里穿过（见图1），接着，将缝衣针从线头连接着织物的位置（即最后1针针脚）穿入到织物背面，注意，只需挑针脚后半针，将线头轻轻拉出（见图2）——这样就形成了一个假的针脚样式（或闭合线圈），替代了跳过的第1针针脚（见图3），最后将多余的线头和织物背面的纹理藏进去。

挑前半针收针的方法

断线，将线头从最后1个线圈里拉出，并穿上缝衣针。

缝衣针从织物正面挑起每针针脚的前半针，穿入到反面（见图4）。

轻轻拉紧线头来收洞眼（见图5和6）。

最后将缝衣针在织物表面穿入到织物里，再从织物任意一个位置穿出。在表面打一个结，然后将多余的线头和结一起拽进织物里，剪断多余的线头（见图7）。

挑后半针收针的方法

断线，将线头从最后1个线圈里拉出，并穿上缝衣针。

将缝衣针从织物正面挑起每针针脚的后半针，穿入到反面（见图1）。

轻轻拉紧线头来收洞眼（见图2）。

最后将缝衣针从织物表面穿入到织物里，再从织物任意一个位置穿出。在表面打一个结，然后将多余的线头和结一起拽进织物里，剪断多余的线头（见图3）。

1

2

3

提示：

当织物只挑后半针钩织时，这个收针方法可以将前半针针脚圈的螺旋纹理一直延续到末尾。如果在后续步骤中，需要在前半针上钩织或刺绣，这种方法可以使织物更整齐。

在织物反面藏线头

将预留的线头穿上缝衣针，用缝衣针挑织物反面横针纹理，将预留的线头藏进去。向前挑起5个或6个横针，从左侧或右侧的横针开始向下挑5~6个横针，再向上挑起5~6个横针。也可以挑同一个水平方向上针线圈藏线。

在较高的针法组成的织物里，可以将线头藏在针法反面的针柱里。

在三维立体织物里藏线头/收针

将预留的线头穿上缝衣针。将缝衣针从织物表面穿入织物的填充物里，然后从另一侧穿出。注意缝衣针是从针法之间的空隙穿入，不是从针脚穿入。轻轻将线拉出，同时保证线已经拉紧，在表面挑线圈打结，修剪结上的线头，最后用钩针或缝衣针将结和线头藏到织物里，防止其露在表面。

安装玩具安全眼睛

安全提示：
　　如果玩偶用于送给3岁以下的儿童，请勿使用玩具安全眼睛，而是使用黑色或灰色线材刺绣眼睛代替。

　　安全眼睛由两个部分组成——平滑针插眼睛或螺纹脚眼睛，和一个垫圈（塑料或金属材质）。
　　按照制作方法，将眼睛从正面适当的位置穿入（见图1）。请确定眼睛所在位置，否则固定完垫圈后，眼睛就无法移动了。
　　小心地将头部织物反面翻出，将垫圈安装到针插或螺纹脚上，按压将其卡紧（见图2）。

组合蝴蝶翅膀

　　参照缝合方法1（P69），沿着红色虚线位置将大翅膀和小翅膀缝合成对，形成左右翅膀（见图3）。接着，沿着图示的蓝色实线位置，分别将左右2对翅膀缝在腰带接缝的两侧。再在左右翅膀上多缝几针，使翅膀和腰带连接得更牢固（见图中蓝点标记）。
　　翅膀和腰带缝合牢固后（见图4），在翅膀后缝上翅膀贴片，贴片尖端朝上（见图5）。沿着贴片针法的针柱处缝一圈，不要沿着针法的针脚顶部缝合。

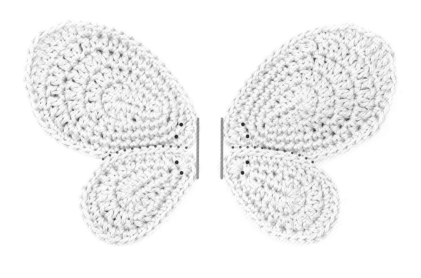

3

4

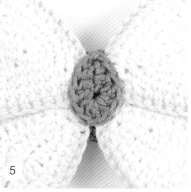

5

缝合方法

方法1：平面织物的边缘缝合（例如：翅膀组合缝合）

1.将织物按照制作方法说明用珠针固定在一起。

2.使用对应线材，穿上缝衣针。

3.从织物A穿出缝衣针，同时直接穿出织物B对应的位置（见图1）。接着将缝衣针穿入织物B相邻位置（都在针柱位置缝合）（见图2）。

4.从织物A上一个穿出位置穿入，然后从织物A相邻的位置穿出（都在针柱位置缝合）。将线轻轻拉出（见图3）。

5.重复步骤3和4，并且每几针需要稍微拉紧一下线。继续按照这样的方法直到缝合完接缝位置。

6.将线头打结并藏线头。

方法2：在三维立体织物表面缝合织物（例如：蜗牛触角缝合）

1.将织物按照制作方法说明用珠针固定在一起。

2.用需要缝合到底部织物（A）上的织物（B）预留的线头来缝合。将线头穿上缝衣针。将缝衣针穿入到织物A对应的第1个缝合位置，并从相邻位置穿出（这样都在针柱位置缝合）。

3.现在到了织物B对应的第1针位置，缝衣针从织物的里面穿出（见图4），（如果只剩下一个线圈，例如在缝蜗牛壳的时候，您只需穿过这个剩下的线圈即可）。将线拉出。

4.接着穿回到织物A，缝衣针从织物A上一个穿出位置穿入，然后从相邻位置穿出（见图5）。（也就是挑相邻针法的针柱位置缝合）按照步骤3的方式，从织物B相邻的针法位置穿出，将线拉出。

5.重复步骤4，并且每几针需要稍微拉紧一下线。继续按照这样的方法缝合接缝位置。如果需要，在快缝合完前，填充一些填充物。

6.将线头打结并将线头藏在其中一个织物里（制作蜗牛时，藏在触角里）。

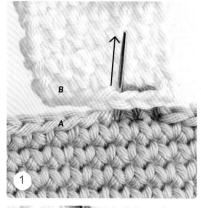

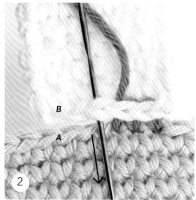

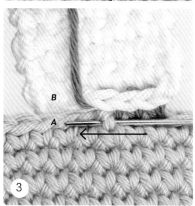

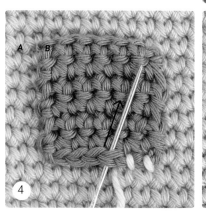

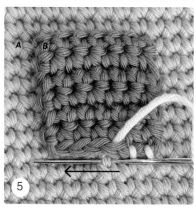

PATTERNS

制作方法

一团毛线的魔法变形记

在接下来的章节里，您不仅仅会发现关于钩编昆虫小朋友们的详细描述，还能发现许多能够帮助您尽可能完美创造他们的许多实用小窍门。

尽管所有的制作方法对于初学者或专业钩编人士都适用，但对于缺乏经验的人可能需要先钩一只最小的生物用来熟悉钩编术语和制作方法结构，例如蚜虫。

蚜虫制作起来非常容易，且能快速完成，您可以先多制作一些蚜虫，熟悉制作过程。然后可以进入毛毛虫制作，给她做一个简单的卵（没有泡泡针纹理），再从黄粉蝶翅膀套装开始给她做一对蝴蝶翅膀。一旦您掌握了这些制作的诀窍，其他更复杂的说明就是小菜一碟了。

如果您是一个有经验的钩编者，那么拿起钩针随意挑选一个图案试试吧！

EGG
卵

适用于五谷虫，甲虫和蜗牛

材料

钩针：US C/2（2.5mm 或 2.25mm）

线材：Scheepjes Catona 4股（sport），100%棉，25g/62m

· 100号柠檬黄一团

其余可用色号：

· 263号浅粉色

· 101号烛光黄（浅柠檬黄）

· 130号浅米色（米白色）

· 509号婴儿蓝

· 505号亚麻色

提示：

1. 每圈的第1针在锁针起立针下方对应的位置钩织。

2. 每圈结束的时候，在第1个中长针上钩织1个引拔针结尾（不是在锁针起立针上引拔）。这样可以减小空隙。

主体

使用所选线材，按照魔术环起针法起针（详见重点教程P61）。

第1圈：2针锁针起立针（在主体的钩编过程中，起立针均不计针数），在起针的线圈里钩8针中长针，在第1针中长针的针脚上引拔结束，翻转织片。（8针）

第2圈：2针锁针起立针，在上一圈每个中长针上都钩织中长针1针分2针，在第1针中长针的针脚上引拔结束，翻转织片。（16针）

第3圈：2针锁针起立针，[1针中长针，中长针1针分2针]重复8次，在第1针中长针的针脚上引拔结束，翻转织片。（24针）

第4圈：2针锁针起立针，1针中长针，中针1针分2针，[2针中长针，中长针1针分2针]重复7次，1针中长针，在第1针中长针的针脚上引拔结束，翻转织片。（32针）

第5圈：2针锁针起立针，[3针中长针，中长针1针分2针]重复8次，在第1针中长针的针脚上引拔结束，翻转织片。（40针）

第6圈：2针锁针起立针，40针中长针，在第1针中长针的针脚上引拔结束，翻转织片。

第7圈：2针锁针起立针，40针中长针。

断线，按照隐形收针的方法（详见重点教程P66）在第1针中长针的针脚上收线头（后面将这个收针的仿线圈简称为"闭合线圈"）。

将织物反面面向自己，从闭合线圈开始往左数17针，钩针从第17针中长针针脚的反面穿入（见P73图1），按照活结换线法（详见重点教程P65），加入新线。

往下片钩。

第8行：2针锁针起立针，[中长针2针并1针]重复2次，24针中长针，[中长针2针并1针]重复2次，翻转织片，剩余的中长针位置不钩织。（28针）

第9行：2针锁针起立针，[中长针2针并1针]重复2次，20针中长针，[中长针2针并1针]重复2次，翻转织片。（24针）

第10~12行：2针锁针起立针，24针中长针，翻转织片。（共3行）

第13行：2针锁针起立针，中长针1针分2针，22针中长针，中长针1针分2针，翻转织片。（26针）

第14行：2针锁针起立针，"3针中长

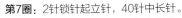

针", 24针中长针, "3针中长针", 10针锁针。（30针中长针，10针锁针）

注意10针的锁针链不要扭转，然后将钩针从反面穿入这行第1针中长针的，钩1针引拔针（见图2），在引拔针的针脚上用记号扣标记，剪断线头并藏线头。

将织物正面面向自己，从记号扣标记的引拔针位置开始，往右数16针，钩针从第16针中长针针脚的正面穿入（见图3），按照活结换线法（详见重点教程P65），加入新线。

往下圈钩。

第15圈：2针锁针起立针，在起立针下方对应的针脚上钩1针中长针，14针中长针，挑引拔针的后半针钩1针中长针，挑锁针链的后半针分别钩1针中长针（10针），14针中长针，在第1针中长针的针脚上引拔结束，翻转织片。（40针）

第16~18圈：2针锁针起立针，40针中长针，在第1针中长针的针脚上引拔结束，翻转织片。（共3圈）

第19圈：2针锁针起立针，4针中长针，中长针2针并1针，[8针中长针，中长针2针并1针]重复3次，4针中长针，在第1针中长针的针脚上引拔结束，翻转织片。（36针）

第20圈：2针锁针起立针，36针中长针，在第1针中长针的针脚上引拔结束，翻转织片。（36针）

第21圈：2针锁针起立针，[7针中长针，中长针2针并1针]重复4次，在第1针中长针的针脚上引拔结束，翻转织片。（32针）

第22圈：2针锁针起立针，32针中长针，在第1针中长针的针脚上引拔结束，翻转织片。（32针）

第23圈：2针锁针起立针，[2针中长针，中长针2针并1针]重复8次，在第1针中长针的针脚上引拔结束，翻转织片。（24针）

第24圈：2针锁针起立针，[1针中长针，中长针2针并1针]重复8次，在第1针中长针的针脚上引拔结束，翻转织片。（16针）

第25圈：2针锁针起立针，[中长针2针并1针]重复8次，在第1针中长针的针脚上引拔结束，翻转织片。（8针）

断线，按照挑前半针收针的方法（详见重点教程P66），将剩下的8针收紧。

收尾

沿着卵开口的边缘钩1圈短针，最后将线头顺着卵反面的纹理藏进去。

EGG
卵

适用于蝴蝶和飞蛾

材料

钩针：US C/2（2.5mm 或 2.25mm）

线材：Scheepjes Catona 4股（sport），100%棉，25g/62m
- 130号浅米色（米白色）1团

其余可用色号
- 263号浅粉色
- 100号粉黄色（淡黄色）
- 101号烛光黄（浅柠檬黄）
- 509号婴儿蓝
- 505号亚麻色

提示：

1.每圈的第1针在锁针起立针下方对应的位置钩织。

2.每圈结束的时候，在第1个中长针上钩织1个引拔针结尾（不是在锁针起立针上引拔）。这样可以减小空隙。

3.更多泡泡针钩织建议，请参考常用针法P66。

主体

使用所选线材，按照魔术环起针法起针（详见重点教程P61）。

第1圈：2针锁针起立针（在主体的钩编过程中，起立针均不计针数），在起针的线圈里钩8针中长针，在第1针中长针针脚上引拔结束，翻转织片。（8针）

第2圈：2针锁针起立针，["1针泡泡针+1针中长针]重复8次，在第1针中长针的针脚上引拔结束，翻转织片。（16针）

第3圈：2针锁针起立针，[1针中长针+中长针1针分2针]重复8次，在第1针中长针的针脚上引拔结束，翻转织片。（24针）

第4圈：2针锁针起立针，1针中长针，"1针泡泡针+1针中长针"，[2针中长针，"1针泡泡针+1针中长针"]重复7次，1针中长针，在第1针中长针的针脚上引拔结束，翻转织片。（32针）

第5圈：2针锁针起立针，[3针中长针，中长针1针分2针]重复8次，在第1针中长针的针脚上引拔结束，翻转织片。（40针）

第6圈：2针锁针起立针，2针中长针，1针泡泡针，[4针中长针，1针泡泡针]重复7次，2针中长针，在第1针中长针的针脚上引拔结束，翻转织片。

第7圈：2针锁针起立针，40针中长针。

预留一定长度线头并断线，按照隐形收针的方法（详见重点教程P66）在第2针中长针的针脚上收线头（后面将这个收针的仿线圈简称为"闭合线圈"）。

将织物反面面向自己，从闭合线圈开始往左数16针，将钩针从第16针中长针针脚的反面穿入，按照活结换线法（详见重点教程P65），加入新线。

往下片钩。

第8行：2针锁针起立针，跳过第1个中长针针脚不钩，1针泡泡针，[4针中长针，1针泡泡针]重复5次，长针2针并1针，翻转织片，剩余的中长针位置不钩织。（27针）

第9行：2针锁针起立针，中长针3针并1针，21针中长针，中长针3针并1针，翻转织片。（23针）

第10行：2针锁针起立针，3针中长针，1针泡泡针，[4针中长针，1针泡泡针]重复3次，2针中长针，中长针2针并1针，翻转织片。（22针）

第11行：2针锁针起立针，22针中长针，翻转织片。

第12行：2针锁针起立针，3针中长针，1针泡泡针，[4针中长针，1针泡泡针]重复3次，3针中长针，翻转织片。

第13行：2针锁针起立针，中长针1针分2针，20针中长针，中长针1针分2针，翻转织片。（24针）

第14行：2针锁针起立针，"1针中长针+1针泡泡针"，中长针1针分2针，2针中长针，1针泡泡针，[4针中长针，1针泡泡针]重复3次，2针中长针，中长针1针分2针，"1针泡泡针+1针中长针"，12针锁针。（28针中长针+12针锁针）

注意12针的锁针链不要扭转，然后将钩针从反面穿入这行第1针中长针的针脚，钩1针引拔针（见图1），在引拔针的线圈上用记号扣标记，断线并藏线头。

将织物正面面向自己，找到中间2个泡泡针之间的4针中长针，从左往右数到第3针中长针，将钩针从正面穿入对应的针脚（见图2），按照活换线法（详见重点教程P65），加入新线。

往下圈钩。

第15圈：2针锁针起立针，在起立针下方对应的针脚上钩1针中长针，13针中长针，挑引拔针的后半针钩1针中长针，挑锁针链的后半针分别钩1针中长针（12针），13针中长针，在第1针中长针的针脚上引拔结束，翻转织片。（40针）

第16圈：2针锁针起立针，2针中长针，1针泡泡针，[4针中长针，1针泡泡针]重复7次，2针中长针，在第1针中长针的针脚上引拔结束，翻转织片。

第17圈：2针锁针起立针，40针中长针，在第1针中长针的针脚上引拔结束，翻转织片。

第18圈：2针锁针起立针，2针中长针，1针泡泡针，[4针中长针，1针泡泡针]重复7次，2针中长针，在第1针中长针的针脚上引拔结束，翻转织片。

第19圈：2针锁针起立针，4针中长针，中长针2针并1针，[8针中长针，中长针2针并1针]重复3次，4针中长针，在第1针中长针的针脚上引拔结束，翻转织片。（36针）

第20圈：2针锁针起立针，2针中长针，1针泡泡针，[3针中长针，1针泡泡针，4针中长针，1针泡泡针]重复3次，3针中长针，1针泡泡针，2针中长针，在第1针中长针的针脚上引拔结束，翻转织片。（36针）

第21圈：2针锁针起立针，[7针中长针，中长针2针并1针]重复4次，在第1针中长针的针脚上引拔结束，翻转织片。（32针）

第22圈：2针锁针起立针，1针中长针，1针泡泡针，[3针中长针，1针泡泡针]重复7次，2针中长针，在第1针中长针的针脚上引拔结束，翻转织片。（32针）

第23圈：2针锁针起立针，1针中长针，中长针2针并1针，[2针中长针，中长针2针并1针]重复7次，1针中长针，在第1针中长针的针脚上引拔结束，翻转织片。（24针）

第24圈：2针锁针起立针，跳过第1针中长针的针脚不钩，[1针泡泡针，中长针2针并1针]重复7次，1针泡泡针，1针中长针，在第1针中长针的针脚上引拔结束，翻转织片。（16针）

第25圈：2针锁针起立针，[中长针2针并1针]重复8次。（8针）

断线，按照挑前半针收针的方法（详见重点教程P66），将剩下的8针收紧。

收尾

沿着卵开口的边缘钩1圈中长针，最后将线头顺着卵反面的纹理藏进去。

75

BASIC SHAPES
基本形状

一些玩偶的某些部分制作方法相同，例如头部和帽子，这些重复部分的制作方法将在此做说明。

每个玩偶的基本形状所使用的线材请参照各玩偶的材料说明。

头 部

从上往下编织（蝴蝶、飞蛾、苍蝇、甲虫）

线材请分别参照蝴蝶、飞蛾、苍蝇和甲虫材料说明。

使用所选线材，按照魔术环起针法起针（详见重点教程P61）。

第1圈：在起针的线圈里钩7针短针。（7针）

第2圈：在第1圈每个短针针脚上都钩短针1针分2针。（14针）

第3圈：[1针短针，短针1针分2针]重复7次。（21针）

第4圈：1针短针，短针1针分2针，[2针短针，短针1针分2针]重复6次，1针短针。（28针）

第5圈：[3针短针，短针1针分2针]重复7次。（35针）

第6圈：35针短针。（35针）

第7圈：2针短针，短针1针分2针，[4针短针，短针1针分2针]重复6次，2针短针。（42针）

第8~13圈：42针短针。（共6圈）

在第12圈和13圈之间安装眼睛，两只眼睛之间间隔9针（详见重点教程P68）。

第14圈：2针短针，短针2针并1针，[4针短针，短针2针并1针]重复6次，2针短针。（35针）

第15圈：[短针2针并1针，3针短针]重复7次。（28针）

第16圈：1针短针，短针2针并1针，[2针短针，短针2针并1针]重复6次，1针短针。（21针）

在制作甲虫时，在第16圈钩织最后1针时换线（换色）钩织身体，并且填上填充物（详见重点教程P65）。

在制作蝴蝶、飞蛾和苍蝇时，继续往下钩织一圈减针：

第17圈：[短针2针并1针，1针短针]重复7次。（14针）

在第17圈钩织最后1针时换线（换色）钩织蝴蝶、飞蛾和苍蝇的身体，并且填上填充物（详见重点教程P65）。

从下往上编织（蜗牛）

在钩织身体最后1圈的最后1针时换成米白色线。

第1圈：[挑前半针钩1针短针，挑前半针钩短针1针分2针]重复7次。（21针）

第2圈：1针短针，短针1针分2针，[2针短针，短针1针分2针]重复6次，1短针。（28针）

第3圈：[3针短针，短针1针分2针]重复7次。（35针）

第4圈：2针短针，短针1针分2针，[4针短针，短针1针分2针]重复6次，2短针。（42针）

第5~10圈：42针短针。（共6圈）

在第5圈和第6圈之间安装眼睛，两只眼睛之间间隔9针（详见重点教程P68）。

第11圈：2针短针，短针2针并1针，[4针短针，短针2针并1针]重复6次，2针短针。（35针）

第12圈：35针短针。（35针）

第13圈：[短针2针并1针，3针短针]重复7次。（28针）

第14圈：1针短针，短针2针并1针，[2针短针，短针2针并1针]重复6次，1针短针。（21针）

填充头部。

第15圈：[短针2针并1针，1针短针]重复7次。（14针）

第16圈：[短针2针并1针]重复7次。（7针）

断线，将头部填充饱满，再按照挑前半针收针的方法（详见重点教程P66），将剩下的7针收紧。

收 尾

用粉色线在玩偶眼睛下方绣上腮红，也可以用粉色记号笔、口红或腮红涂抹。

帽子

线材请分别参照对应材料说明。

使用所选线材，按照魔术环起针法起针（详见重点教程P61）。

第1圈：在起针的线圈里钩织7针短针。（7针）

第2圈：在第1圈每个短针针脚上都钩短针1针分2针。（14针）

第3圈：[1针短针，短针1针分2针]重复7次。（21针）

第4圈：1针短针，短针1针分2针，[2针短针，短针1针分2针]重复6次，1针短针。（28针）

第5圈：[3针短针，短针1针分2针]重复7次。（35针）

第6圈：35针短针。（35针）

第7圈：2针短针，短针1针分2针，[4针短针，短针1针分2针]重复6次，2针短针。（42针）

第8~14圈：42针短针。（共7圈）

提示：

在第14圈完成后，需要在头部上试戴，帽子后方往下拉到脖子位置（不要忘记还剩下最后1圈未钩），看看帽子深度是否足够。如果太浅，按照8~14圈的方法再适当地增加圈数；如果合适，就继续往下钩第15圈。

标准平帽沿

第15圈：2针短针，短针2针并1针，[4短针，短针2针并1针]重复6次，2针短针。（35针）

甲虫尖角帽沿

第15圈：[3针短针，短针2针并1针]重复3次，3针短针，1针中长针，1针长针，锁针1针的狗牙针（详见常用针法P60），1针长针，1针中长针，[3针短针，短针2针并1针]重复4次。（35针）

在第1针上引拔结束，断线，按照隐形收针的方法收线头（详见重点教程P66）。

"请帮我戴好帽子哦!"

触角（2个）

类型A（蝴蝶、甲虫和苍蝇）

按照锁针链起针的方法，钩4针锁针，从倒数第2针锁针的里山开始钩：1针短针，2针引拔针（详见重点教程P63）。

预留一定长度的线头用于触角和帽子的缝合，断线。

类型B（飞蛾）

按照锁针链起针的方法，钩7针锁针，从倒数第2针锁针的里山开始钩：6针引拔针。

预留一定长度的线头用于触角和帽子的缝合，断线。

飞蛾触角毛须

剪3段约10cm长的线头，取出第1个触角，反面面向自己，钩针挑触角顶端第2针引拔针的前半针，取1根线头对折，将钩针穿入线头对折位置的线圈，从前半针线圈钩出线头的线圈一半长度，然后再用钩针将线头两端从线圈钩出，拉紧固定，1个毛须就完成了。另外2个毛须用同样方法固定在相邻位置。最后将毛须修剪到约1cm长。

将第2个触角正面面向自己，毛须用同样方法固定。

触角与帽子的缝合

将触角缝合在帽沿往帽顶数第3圈的位置，2个触角之间间隔2针。

"我太敏感了，这都怪我的触角！"

腰带

腰带是由一个方形织片绕圈制作成的套环，也是玩偶翅膀缝合连接的地方，这样制作而成的翅膀可以拆卸，从而实现毛虫变成蝴蝶或飞蛾的过程。

线材请分别参照对应材料说明。

类型A（蝴蝶和飞蛾）

使用所选线材，按照锁针链起针的方法，钩12针锁针。

第1行：从倒数第2针锁针开始，挑锁针的后半针钩11针引拔针，翻转织片。（11针）

第2行~35行：1针锁针起立针，1针对应1针挑第1行针脚的后半针钩织11针引拔针，翻转织片。（共34行）

不要收线头。

收尾

将长方形织片首尾相连形成一个环，将钩针同时穿入第1行锁针链剩下的半针以及最后1行的后半针（见图1），一针对应一针钩织引拔针。断线，并将线头顺着腰带反面的纹理藏进去。

在制作飞蛾腰带时，需要用软钢丝刷在织物正面刷出绒毛，直到最后呈现出毛绒绒的状态。

将钩织好的一对翅膀分别缝合到腰带接缝位置的左右两侧（详见重点教程P69）。

类型B（苍蝇）

第1行：12针锁针链起针，在倒数第2针锁针开始，挑锁针的后半针钩11针引拔针，翻转织片。（11针）

第2行：1针锁针起立针，挑第1行锁针的后半针钩织8针短针，挑后半针钩3针引拔针，翻转织片。

第3行：1针锁针起立针，挑后半针钩11

针短针，翻转织片。

重复第2行和第3行的钩织方法9次，再钩织1次第2行的钩织方法。（加上起针一共23行）

收尾

按照类型A的方法连接织片首尾，连接好后不断线，先不缝合翅膀，而是继续按照苍蝇制作方法的说明钩织（详见苍蝇图解）。

翅膀贴片

翅膀贴片（见图2）用于遮挡翅膀和腰带缝合的痕迹。

线材请分别参照对应材料说明。

使用所选线材，按照锁针链起针的方法，钩5针锁针。

第1圈：从倒数第2针锁针开始挑后半针钩织，1针短针，1针中长针，1针长针，在最后1针锁针上钩"7针长针"，将织片顺时针翻转180°，继续挑锁针链剩下的半针钩织，1针长针，1针中长针，1针短针。（13针）

预留出长一些的线头剪断，按照隐形收针的方法在第1针的针脚上收针（详见重点教程P66）。

收尾

缝合翅膀到腰带上后，将翅膀贴片缝到翅膀和腰带缝合位置的上方（详见重点教程P68）（见图3）。

CATERPILLARS
毛毛虫

3种类型的毛毛虫体形基本一样，只是配色不同，第1种为纯色类型（P），第2种为细条纹类型（S1），最后1种为粗条纹类型（S2）。按照制作方法中每圈前的配色说明来钩织对应的毛毛虫。

"嗨，你把书拿反啦！"

材料

钩针：US C/2（2.25mm或2.5mm）

线材：Scheepjes Catona 4股（sport），100%棉，25g/62m

纯色毛毛虫（P）——各1团
- 线材A 130号浅米色（米白色）
- 线材B 402号银绿色（浅草绿色）

细条纹毛毛虫（S1）——各1团
- 线材A 130号浅米色（米白色）
- 线材C 383号姜黄色（金黄色）
- 线材D 501号烟灰色（深灰色）
- 线材E 101号烛光色（浅黄色）

粗条纹毛毛虫（S2）——各1团
- 线材A 130号浅黄色（米白色）
- 线材C 383号姜黄色（金黄色）
- 线材D 501号烟灰色（深灰色）
- 线材F 110号深黑色（纯黑色）

其他
- 填充物
- 5mm黑色安全眼睛

头部

使用米白色线，按照从上往下头部的编织方法（详见基本形状：头部P76），一直钩到第17圈，并在最后1针的最后一个步骤换成线材B（毛毛虫类型P），线材D（毛毛虫类型S1）或线材F（毛毛虫类型S2）钩织。

身体

提示：下列圈数前的字母表示不同类型的毛毛虫在当前这一圈所使用到的线材，分别对应的顺序是：P，S1，S2。

ＢＤＦ 第18圈：14针引拔针（14针）

ＢＤＦ 第19圈：[挑后半针钩1针短针，挑后半针钩短针1针分2针]重复7次。（21针）

ＢＤＦ 第20圈：1针短针，短针1针分2针，[2针短针，短针1针分2针]重复6次，1针短针。（28针）

ＢＥＤ 第21圈：28针短针。

ＢＤＤ 第22圈：28针短针。

ＢＥＦ 第23圈：28针短针。

ＢＤＦ 第24圈：28针短针。

ＢＥＤ 第25圈：1针短针，短针2针并1针，[2针短针，短针2针并1针]重复6次，1针短针。（21针）

ＢＤＤ 第26圈：[短针2针并1针，1针短针]重复7次。（14针）

ＢＤＦ 第27圈：14针引拔针。

ＢＤＦ 第28圈：[挑前半针钩1针短针，挑前半针钩短针1针分2针]重复7次。（21针）

ＢＥＦ 第29圈：1针短针，短针1针分2针，[2针短针，短针1针分2针]重复6次，1针短针。（28针）

现在填充已钩好的身体上面部分。

BDD 第30圈：28针短针。

BED 第31圈：28针短针。

BDF 第32圈：28针短针。

BEF 第33圈：1针短针，短针2针并1针，[2针短针，短针2针并1针]重复6次，1针短针。（21针）

BDF 第34圈：[短针2针并1针，1针短针]重复7次。（14针）

BDD 第35圈：14针引拔针。

BDD 第36圈：[挑前半针钩1针短针，挑前半针钩短针1针分2针]重复7次。（21针）

BED 第37圈：21针短针。

　　填充身体中间部分。

BDF 第38圈：[短针2针并1针，1针短针]重复7次。（14针）

BDF 第39圈：[短针2针并1针]重复7次。（7针）

　　填充身体剩余部分，然后预留一定长度的线头并剪断。

　　按照挑前半针收针的方法（详见重点教程P66），将剩下的7针收紧，并藏好多余的线头。

帽 子

　　使用线材B（毛毛虫类型P），线材C（毛毛虫类型S1）以及线材F（毛毛虫类型S2），按照帽子的制作方法制作标准平帽沿（详见基本形状：帽子P77）。

COCOON
茧

用于制作蝴蝶和飞蛾

材料

钩针：US C/2（2.5mm 或 2.25mm）

线材：Scheepjes Catona 4股（sport），100%棉，25g/62m 各1团

· 205号 猕猴桃色（柠檬绿）

· 392号 黄绿色（淡绿色）

主体

使用柠檬绿色线，按照锁针链起针的方法，钩14针锁针。

从倒数第2针锁针开始挑半针钩织：

第1圈：3针引拔针，3针短针，3针中长针，3针长针，在最后1针锁针里钩10针长针，旋转织片，继续挑锁针链剩下的半针钩织：3针长针，3针中长针，3针短针，3针引拔针，在最后1针引拔针处换成淡绿色线，钩50针锁针。（84针）

第2圈：注意第1圈的锁针链不要扭转，然后挑水滴形状尖端第1针的后半针钩引拔针连接；在这个引拔针位置用记号扣标记，接着挑后半针钩33针引拔针，在锁针链反面的里山钩织（详见重点教程P63）：钩50针短针。

之后在水滴形状位置绕圈钩织：挑记号扣引拔针的后半针钩1针中长针（取下记号扣），挑后半针钩32针长针，挑后半针钩1针中长针。

在第3圈第1针的针脚上做好标记，这一针作为后面几圈的起始位置。

从现在开始，每针都只挑后半针进行钩织。

第3圈：1针长针（记号扣位置），4针长针，长针2针并1针，[5针长针，长针2针

并1针]重复11次。（72针）

第4圈：2针长针，长针2针并1针，[4针长针，长针2针并1针]重复11次，2针长针。（60针）

第5圈：[长针2针并1针，3针长针]重复12次。（48针）

第6圈：1针长针，长针2针并1针，[2针长针，长针2针并1针]重复11次，1针长针。（36针）

第7圈：[长针2针并1针，1针长针]重复12次。（24针）

第8圈：[长针2针并1针]重复2次。（12针）

第9圈：1针中长针，1针短针，其余位置不钩织。

断线，按照挑后半针收针的方法（详见重点教程P67），将剩下的12针收紧。

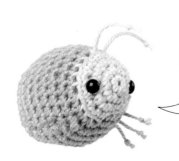

"茧善于伪装，有些像叶子，有些就像镜面，反映出它们所处的不同环境。"

兜 帽

从茧开口右侧的第1个淡绿色针脚数起，在第26针（位置1）和第38针（位置2）位置用记号扣标记。

按照直立短针换线法（详见重点教程P65），在位置1的记号扣线圈上加入淡绿色线（茧的反面面向自己）（算作第1针）。

第1圈：9针中长针，1针短针，1针引拔针，26针锁针，在位置2记号扣线圈上钩1针引拔针，1针短针，10针中长针。（50针）

第2圈：挑后半针钩1针引拔针，挑后半针钩1针短针，挑后半针钩1针中长针，挑后半针钩9针长针，接着挑锁针链的里山钩织：12针长针，在相邻的第1针和第3针位置钩织长针2针并1针（跳过中间的第2针锁针不钩），11针长针，挑后半针钩12针长针。（48针）

第3圈：[挑后半针钩长针2针并1针，挑后半针钩2针长针]重复12次。（36针）

第4圈：[挑后半针钩长针2针并1针，挑后半针钩1针长针]重复12次。（24针）

第5圈：[挑后半针钩长针2针并1针]重复12次。（12针）

第6圈：[挑后半针钩1针中长针，挑后半针钩中长针2针并1针]重复4次。（8针）

在相邻的线圈上钩1针短针，预留出一定长度的线头剪断，按照挑后半针收针的方法（详见重点教程P67），将剩下的8针收紧，并藏好多余的线头。

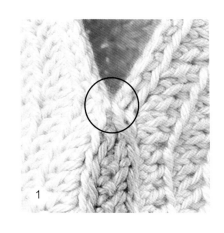

1

起始位置的线头将水滴形状开口两侧的2针缝合在一起（见图1）。然后将线头顺着反面的纹理藏进去。

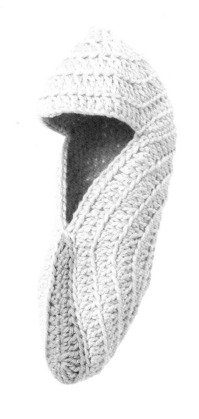

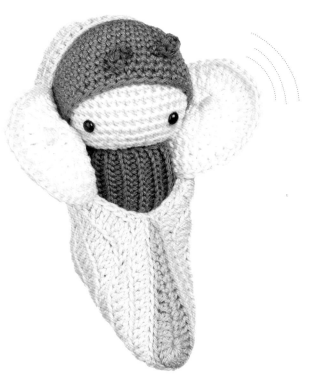

"快来帮帮忙！我卡在织物里了！"

BRIMSTONE BUTTERFLY 黄粉蝶

材料

钩针：US C/2（2.25mm 或 2.5mm）

线材：Scheepjes Catona 4股（sport），100%棉，25g/62m——各1团

- 130号浅米色（米白色）
- 100号粉黄色（淡黄色）
- 280号柠檬黄（亮黄色）
- 101号烛光黄（浅柠檬黄）
- 501号烟灰色（深灰色）
- 383号姜黄色（金棕色）

其他：

- 填充物
- 5mm黑色安全眼睛

头部

使用米白色线，按照头部从上往下的编织方法完成（详见基本形状：头部P76）。

身体

使用深灰色和浅柠檬黄线，按照毛毛虫细条纹身体的编织方法完成（类型S1）（详见毛毛虫：身体P80）。

帽子

使用金棕色线，按照标准平帽沿的编织方法完成（详见基本形状：帽子P77）。

触角

使用深灰色线，按照触角类型A的编织方法完成（详见基本形状：触角P78）。

腰带

使用深灰色线，按照腰带类型A的编织方法完成（详见基本形状：腰带P79）。

翅膀贴片

使用金棕色线材，按照翅膀贴片的编织方法完成（详见基本形状：翅膀贴片P79）。

大 翅 膀

左右翅膀（制作4个）

使用淡黄色线，按照锁针链起针的方法，钩6针锁针。

从倒数第2针开始挑半针钩织：

第1圈：2针短针，2针中长针，"7针长针"，旋转织片，继续挑锁针链剩下的半针钩织，2针中长针，2针短针，2针锁针。（15针+2锁针洞眼）

第2圈：4针短针，1针中长针，中长针1针分2针，[长针1针分2针]重复3次，中长针1针分2针，1针中长针，4针短针，在锁针洞眼里钩"1针短针+2针锁针+1针短针"。（22针+2针锁针洞眼）

第3圈：6针短针，1针中长针，中长针1针分2针，[长针1针分2针]重复4次，中长针1针分2针，1针中长针，7针短针，在锁针洞眼里钩"1针短针+2针锁针+1针短针"，1针短针。（30针+2针锁针洞眼）

第4圈：8针短针，1针中长针，中长针1针分2针，[1针长针，长针1针分2针]重复3次，1针长针，中长针1针分2针，1针中长针，9针短针，在锁针洞眼里钩"1针短针+2针锁针+1针短针"，1针引拔针，最后1针不钩织。（36针+2针锁针洞眼）

预留出一定长度的线头剪断，按照隐形收针的方法收线头（详见重点教程P66），再按照同样的方法完成另外3个翅膀。

组合2个织片制作1个大翅膀

将2个织片反面相对，正面朝外，2个织片平整地重叠。钩针同时穿入2个织片对应的线圈或洞眼，在下一行钩织过程中将2个织片钩织在一起。

水滴形状的尖端朝向右边，按照直立短针换线法（详见重点教程P65），使用亮黄色线在尖端的2针锁针洞眼中开始钩织（算作第1针）。

右翅膀

第5圈：在2针锁针洞眼里钩2针短针，将织片顺时针方向旋转90°，钩13针短针，短针1针分2针，中长针1针分2针，长针1针分2针，"1针长针+1针长长针"，1针长长针，"1针长长针+1针长针"，长针1针分2针，中长针1针分2针，2针中长针，"1针中长针+1针短针"，13针短针。（48针）

断线，按照隐形收针的方法，在直立短针相邻的针脚上收针。

左翅膀

第5圈：在2针锁针洞眼里钩2针短针，将织片顺时针方向旋转90°，13针短针，"1针短针+1针中长针"，2针中长针，中长针1针分2针，长针1针分2针，"1针长针，1针长长针"，1针长长针，"1针长长针，1针长针"，长针1针分2针，中长针1针分2针，短针1针分2针，13针短针。（48针）

按照与右翅膀相同的收针方法收针。

小 翅 膀

左右翅膀（制作4个）

使用淡黄色线，按照锁针链起针的方法，钩6针锁针。

从倒数第2针锁针开始挑半针钩织：

第1圈：2针短针，2针中长针，"7针长针"，旋转织片，继续挑锁针链剩下的半针钩织：2针中长针，2针短针，2针锁针。（15针+2锁针洞眼）

第2圈：4针短针，1针中长针，中长针1针分2针，[长针1针分2针]重复3次，中长针1针分2针，1针中长针，4针短针，在锁针洞眼里钩"1针短针+2针锁针+1针短针"。（22针+2针锁针洞眼）

预留出一定长度的线头，按照隐形收针的方法收针（详见重点教程P66），在第2针的针脚上收针。按照同样的方法完成另外3个小翅膀。

一个很有名的理论这样说过："在'一个黄油色的飞虫'中，'蝴蝶'这个词最初是用来形容硫磺的。"

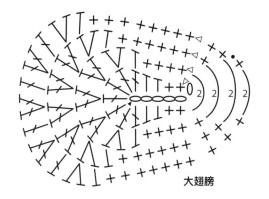

大翅膀

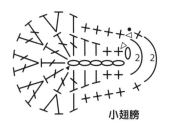

小翅膀

组合2个织片制作1个小翅膀

　　将2个织片反面相对，正面朝外，2个织片平整地重叠。钩针同时穿入2个织片对应的针脚或洞眼，在下一行钩织过程中将2个织片钩织在一起。

　　水滴形状的尖端朝向右边，按照直立短针换线法（详见重点教程P65），使用亮黄色线材在尖端的2针锁针洞眼中开始钩织（算作第1针）。

第3圈：7针短针，短针1针分2针，[中长针1针分2针]重复4次，短针1针分2针，8针短针，在2针锁针洞眼中钩"4针中长针"。（32针）

　　断线，按照隐形收针的方法（详见重点教程P66），在直立短针相邻的针脚上收针。

收尾、缝合

翅膀

　　在大翅膀的前面用亮黄色线绣一个斑点。

　　将大小翅膀缝合制作成2对翅膀，然后分别缝合到腰带接缝的左右两侧。最后在翅膀缝合位置的中心缝上翅膀贴片（详见重点教程P68）。

触角

　　将触角缝到帽子上（详见基本形状：触角P78）。

"黄色并不是我的调调，下次让我们试一下大红色的套装！"

PEACOCK BUTTERFLY 孔雀蛱蝶

材料

钩针：US C/2（2.25mm 或 2.5mm）

线材：Scheepjes Catona 4股（sport），100%棉，25g/62m——各1团

- 130号浅米色（米白色）
- 402号银绿色（浅草绿色）
- 242号金属灰（暗灰色）
- 388号锈红色（红色）
- 110号深黑色（黑色）
- 101号烛光黄（浅柠檬黄）
- 397号青色（蓝色）

其他：

- 填充物
- 5mm黑色安全眼睛

提示：

在每圈第1针的针脚上用记号扣标记。

在旧线编织到最后1针的最后1步时开始换新线（详见重点教程P65）。

头部

使用米白色线，按照头部从上往下的编织方法完成（详见基本形状：头部P76）。

身体

使用浅草绿色线，按照纯色毛毛虫身体的编织方法完成（类型P）（详见毛毛虫：身体P80）。

帽子

使用浅草绿色线，按照标准平帽沿的编织方法完成（详见基本形状：帽子P77）。

触角

使用暗灰色线，按照触角类型A的编织方法完成（详见基本形状：触角P78）。

腰带

使用暗灰色线材，按照腰带类型A的编织方法完成（详见基本形状：腰带P79）。

翅膀贴片

使用暗灰色线，按照翅膀贴片的编织方法完成（详见基本形状：翅膀贴片P79）。

大翅膀

左右2个大翅膀各由2个织片——织片1和织片2组合而成。

织片1

使用红色线，按照魔术环起针法起针（详见重点教程P61）。

第1圈：在线圈里钩织7针短针。（7短针）

第2圈：换浅柠檬黄色线，[短针1针分2针]重复7次。（14针）

第3圈：[1针短针，短针1针分2针]重复3次，换蓝色线材，1针短针，[中长针1针分2针，1针中长针]重复3次，中长针1针分2针。（21针）

第4圈：换黑色线，1针短针，"1针中长针+1针长针"，1针长针，长针1针分2针，1针长针，"1针长针+1针中长针"，[2针短针，短针1针分2针]重复4次，3针短针。（28针）

断线，按照隐形收针的方法，在第2针的针脚上收针（详见重点教程P66）。

在闭合线圈上用记号扣标记。

从闭合线圈开始往前数3针，按照直立短针换线法，在第3针的针脚上加入浅柠檬黄线（详见重点教程P65），继续往下钩织：

第5圈（半圈）：1针短针，"1针短针+1针中长针"，中长针1针分2针，"1针中长针+1针短针"，1针短针。

断线，按照隐形收针的方法收针。

按照直立短针换线法，在上一圈第3针黄色的针脚上加入黑色线：

第6圈（半圈）："1针短针+1针中长针"，1针中长针，"1针中长针+1针短针"。

断线，按照隐形收针的方法收针。

按照直立短针换线法，在第5圈第2针黄色的针脚上加入红色线，然后在相邻的针脚（第1个黑色短针针脚上）钩1针短针，继续在相邻的针脚钩1针中长针，接着钩7针锁针。

*从倒数第2针锁针位置开始，挑锁针链反面的里山钩织（详见重点教程P63）：2针短针，2针中长针，2针长针。

跳过3针黑色的针脚不钩，在第4针上钩1针短针（这样红色线形成了一个三角形）。

断线，按照隐形收针的方法收针。*

从孔雀眼睛第4圈记号扣标记的黑色闭合线圈位置开始往后数5针（包括记号扣标记的闭合线圈），在第5针的针脚上按照直立引拔针换线法，加入红色线。

继续往下片钩。

第1行：沿着边缘的针脚均匀地钩15针引拔针（在红色三角形的端部结束）。

第2行：1针锁针起立针，挑前半针钩8针引拔针，挑前半针钩8针短针，翻转织片。

第3行：2针锁针起立针，跳过起立针下方对应的针脚不钩，在相邻的针脚上开始挑后半针钩7针中长针，挑后半针钩6针短针，挑后半针钩2针引拔针，翻转织片。

第4行：1针锁针起立针，挑前半针钩15针引拔针，翻转织片。

第5行：2针锁针起立针，跳过起立针下方对应的针脚不钩，在相邻的针脚上开始挑后半针钩6针中长针，挑后半针钩6针短针，挑后半针钩2针引拔针，翻转织片。

第6行：1针锁针起立针，挑前半针钩14针引拔针。

断线，将线头从最后一个线圈穿出拉紧。

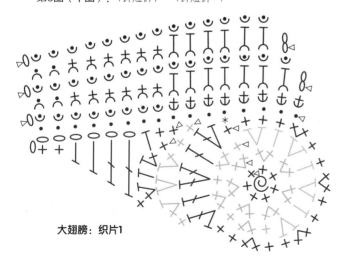

大翅膀：织片1

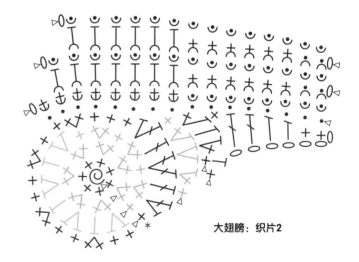

大翅膀：织片2

织片2

按照织片1前3圈的编织方法完成织片2的前3圈。

第4圈：换黑色线材，1针短针，"1针中长针+1针长针"，1针长针，长针1针分2针，1针长针，"1针长针+1针中长针"，3针短针，[短针1针分2针，2针短针]重复4次。（28针）

断线，按照隐形收针法在这圈第2针的针脚上收针（详见重点教程P66）。

在闭合线圈上用记号扣标记。

从闭合线圈开始往前数4针，按照直立短针换线法，在第4针的针脚上加入浅柠檬黄色线（详见重点教程P65），继续往下钩织：

第5圈（半圈）："1针短针+1针中长针"，中长针1针分2针，"1针中长针+1针短针"，1针短针。

断线，按照隐形收针的方法收针。

按照直立短针换线法，在上一圈第3针黄色的针脚上加入黑色线：

第6圈（半圈）："1针短针+1针中长针"，1针中长针，"1针中长针+1针短针"。

断线，按照隐形收针的方法收针。

按照直立短针换线法，在上一圈第1针黑色前的黄色针脚上加入红色线，在相邻的第1针黑色短针针脚上钩1针中长针，接着钩7针锁针。

按照织片1两个*之间的编织方法完成。

将织片2孔雀眼睛倒置，三角形尖端朝向右边。按照直立引拔针换线法，在红色三角形尖端第1针的针脚上，加入红色线：

继续片钩。

第1行：沿着边缘的针脚钩15针引拔针，翻转织片。

第2行：1针锁针起立针，挑前半针钩8针短针，挑前半针钩8针引拔针，翻转织片。

第3行：1针锁针起立针，挑后半针钩2针引拔针，挑后半针钩6针短针，挑后半针钩

7针中长针，最后1针不钩织，翻转织片。

第4行：1针锁针起立针，挑前半针钩15针引拔针，翻转织片。

第5行：1针锁针起立针，挑后半针钩2针引拔针，挑后半针钩6针短针，挑后半针钩6针中长针，最后1针不钩织，翻转织片。

第6行：1针锁针起立针，挑前半针钩14针引拔针。

断线，将线头从最后一个线圈穿出拉紧。

组合2个织片制作1个大翅膀

右翅膀

将织片2正面朝外放在织片1后面，2个织片平整地重叠，红色三角形的尖端朝右，孔雀眼睛在左边。旋转织片，使三角形尖端所在的短侧边侧朝上。

钩针同时穿入2个织片对应的针脚或洞眼，在下一行钩织过程中将2个织片钩织在一起。

按照直立短针换线法，在短侧边右端第1行侧边加入暗灰色线钩织：在相邻的起立针上侧边各钩1针短针，在红色三角形尖端的锁针起立针侧边钩1针短针（4针）。

织片旋转90°，继续沿着翅膀另外一个边缘钩18针中长针。

织片旋转90°，再钩相邻的边缘：长针1针分2针，"1针长针+2针锁针+在前面钩织的第2个锁针上钩1针引拔针+1针长针"，长针1针分2针，4针中长针，跳过1针不钩。

在相邻第1针红色引拔针下方对应的黑色针脚上钩"1针长针+3针中长针"的贝壳花，然后在相邻侧边钩1针短针。

再钩第2个贝壳花。钩针同时穿入2个织片第3行红色针法起立针和最后1个中长针之间的洞眼，在里面钩织"4针中长针"的贝壳花，在相邻第4行侧边钩1针短针。

在最后一个起立针和中长针之间的洞眼里钩"3针中长针+1针长针"的贝

壳花。

织片旋转90°，沿着最底下织片边缘钩织：14针短针。

织片旋转90°，再钩短侧边：在第1针针脚上钩"1针引拔针+3针锁针+1针长针"，1针中长针，1针短针，短针1针分2针。

断线，按照隐形收针法收针，藏好线头。

左翅膀

将织片1正面朝外放在织片2后面，2个织片平整地重叠，红色三角形的尖端朝左，孔雀眼睛在右边。旋转织片，使三角形尖端所在的短侧边侧朝上。

钩针同时穿入2个织片对应的针脚或洞眼，在下一行钩织过程中将2个织片钩织在一起。

按照直立短针换线法，在红色三角形尖端的起立针上加入暗灰色线钩织：在相邻的第2行、4行和6行的侧边各钩1针短针。（4针）

织片旋转90°，沿着相邻的边缘钩织：14针短针。

织片旋转90°，沿着相邻的边缘钩织，钩针同时穿入侧边中长针之间的第1个洞眼，在里面钩一个"1针长针+3针中长针"的贝壳花。

在相邻的锁针起立针上钩1针短针，在相邻一行侧边第1个洞眼里钩一个"4针中长针"的贝壳花（钩针同时穿入2个织片的2针锁针或中长针侧边洞眼）。在相邻最后一个锁针起立针侧边上钩1针短针。

在最后1针红色引拔针下方对应的黑色针脚上钩一个"3针中长针+1针长针"的贝壳花。

跳过相邻的1针黑色针脚不钩，然后钩4针中长针，长针1针分2针，"1针长针+2针锁针+在第2个锁针上钩1针引拔针+1针长针"，织片旋转90°，继续沿着边缘钩织：长针1针分2针，18针中长针。

织片旋转90°，再钩织短侧边：短针1针分2针，1针短针，1针中长针，"1针长针+3针锁针+1针引拔针"。

断线。

"孔雀蛱蝶翅膀上的花斑像一对大眼睛，用来吓跑捕食者。"

小翅膀

左右2个小翅膀各由2个织片——织片1和织片2组合而成。

织片1

使用蓝色线，按照魔术环起针法起针（详见重点教程P61）。

第1圈： 在线圈里钩6针短针。（6针）

第2圈： 换黑色线，[短针1针分2针]重复6次。（12针）

第3圈： 1针短针，换浅柠檬黄色线，[短针1针分2针，1针短针]重复5次，短针1针分2针。（18针）

第4圈（半圈）： 2针短针，换黑色线，1针短针，中长针1针分2针，1针短针。

断线，按照隐形收针的方法收针。

第5圈： 按照直立短针换线法，在上一圈第1针黑色的针脚上加入红色线，5针锁针，从倒数第2针锁针开始，挑锁针链反面的里山钩织：1针短针，1针中长针，1针长针，1针长长针，接着跳过孔雀眼睛边缘的2针黑色针脚不钩，在相邻针脚上钩1针短针，2针短针，[2针短针，短针1针分2针]重复4次，1针短针。

第6圈： 在第1针的针脚上钩1针引拔针，4针引拔针。

断线，按照隐形收针的方法在尖端第1针的针脚上收针，并藏好线头。

织片2

按照织片1前4圈的编织方法完成织片2的前4圈，最后预留一定长度的线头按照隐形收针的方法收针。

第5圈： 按照直立短针换线法，在上一圈第2针黑色的针脚上加入红色线材，5针锁针，从倒数第2针锁针开始，挑锁针链反面的里山钩织：1针短针，1针中长针，1针长针，1针长长针，接着跳过孔雀眼睛边缘的2针黑色针脚不钩，在相邻针脚上钩1针短针，1针短针，[短针1针分2针，2针短针]重复4次，2针短针。

第6圈： 在第1针的针脚上钩1针引拔针，4针引拔针。

断线，按照隐形收针的方法在尖端第1针的针脚上收针，并藏好线头。

组合2个织片制作1个小翅膀

右翅膀

将织片2正面朝外放在织片1后面，2个织片平整地重叠，这织片的尖端朝右。钩针同时穿入2个织片对应的针脚，按照下述方法进行编织。

按照直立短针换线法，在红色三角形尖端闭合线圈相邻第1针针脚上开始加入深灰色线材钩织：3针短针，[短针1针分2针，1针短针]重复3次，"1针短针+1针中长针"，[跳过1针不钩，"4针中长针"，1针引拔针]重复2次，1针短针，1针中长针，2针锁针，在倒数第2针锁针上钩1针短针，在相邻的针脚钩1针短针，10针短针。

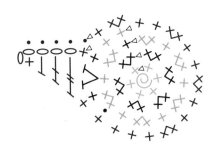

小翅膀：织片1

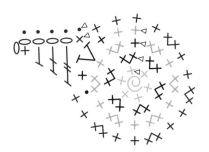

小翅膀：织片2

断线，按照隐形收针的方法在第1针线圈上收针。

左翅膀

将织片1正面朝外放在织片2后面，2个织片平整地重叠，织片的尖端朝左。

将织片旋转180°，从翅膀底边开始钩织。钩针同时穿入2个织片对应的针脚，按照下述方法进行编织。

按照直立短针换线法，在红色三角形尖端闭合线圈相邻第1针的针脚上开始加入深灰色线钩织：10针短针，2针锁针，在倒数第2针锁针上钩1针短针，在相邻的针脚钩1针中长针，1针短针，[1针引拔针，"4针中长针"，跳过1针不钩]重复2次，"1针中长针+1针短针"，[1针短针，短针1针分2针]重复3次，4针短针。

断线，按照隐形收针的方法在第1针线圈上收针。

组 合

翅膀

将左右的大小翅膀分别组合成对，再缝合到腰带接缝的左右两侧，最后在缝合位置中心缝上翅膀贴片。（详见重点教程：组合蝴蝶翅膀P68。）

触角

在帽子上缝上触角（详见基本形状：触角P78）。

91

ULYSSES BUTTERFLY 尤利西斯蝴蝶

"蝴蝶的翅膀上覆盖着多彩的鳞片。"

头部

使用米白色线，按照头部从上往下的编织方法完成（详见基本形状：头部P76）。

身体

使用暗灰色线和黑色线，按照粗条纹毛毛虫身体的编织方法完成（类型S2）（详见毛毛虫：身体P80）。

帽子

使用黑色线，按照标准平帽沿的编织方法完成（详见基本形状：帽子P77）。

触角

使用黑色线，按照触角类型A的编织方法完成（详见基本形状：触角P78）。

腰带

使用黑色线，按照腰带类型A的编织方法完成（详见基本形状：腰带P79）。

翅膀贴片

使用黑色线，按照翅膀贴片的编织方法

完成（详见基本形状：翅膀贴片P79）。

大翅膀

左右2个大翅膀各由2个织片——织片1和织片2组合而成。分别编织织片1和织片2，组合制作成1个大翅膀，再用同样方法制作另外1个大翅膀。

翅膀编织提示：

在开始钩织新一行时，钩织的第1针都是锁针起立针。

如果最后1针是钩织长针针法，都是在上一行锁针起立针上钩织（挑起从下往上数第3针锁针）。

锁针的起立针不算一针，所以不计算在当前这一行的总针数内。

织片1

使用蓝色线，按照锁针链起针的方法，钩13针锁针。

从倒数第4针开始钩织：

第1行：长针1针分2针，1针长针，4针中长针，4针短针，翻转织片。（11针）

第2行：1针锁针起立针，4针短针，4针中长针，4针长针，翻转织片。（12针）

第3行：3针锁针起立针，在起立针下方对应的针脚上钩长针1针分2针，3针长针，5针中长针，3针短针，翻转织片。（13针）

第4行：1针锁针起立针，3针短针，5针中长针，6针长针，翻转织片。（14针）

第5行：3针锁针起立针，在起立针下方对应的针脚上钩长针1针分2针，5针长针，6针中长针，2针短针，翻转织片。（15针）

第6行：1针锁针起立针，2针短针，6针中长针，8针长针。（16针）

断线并收针。

织片2

使用蓝色线，按照锁针链起针的方法，钩11针锁针。

从倒数第2针开始钩织：

第1行：4针短针，4针中长针，1针长针，长针1针分2针，翻转织片。（11针）

第2行：3针锁针起立针，在起立针下方对应的针脚上钩长针1针分2针，2针长针，4针中长针，4针短针，翻转织片。（12针）

第3行：1针锁针起立针，3针短针，5针中长针，5针长针，翻转织片。（13针）

第4行：3针锁针起立针，在起立针下方对应的线圈上钩长针1针分2针，4针长针，5针中长针，3针短针，翻转织片。（14针）

第5行：1针锁针起立针，2针短针，6针中长针，7针长针，翻转织片。（15针）

第6行：3针锁针起立针，在起立针下方对应的针脚上钩长针1针分2针，6针长针，6针中长针，2针短针。（16针）

不要断线。

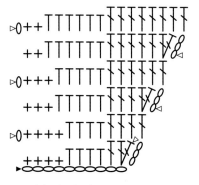

大翅膀：织片1

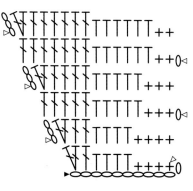

大翅膀：织片2

"蝴蝶每拍打一下翅膀，就会掉落许多鳞片，所以翅膀灰渐渐失去色彩变得暗淡。"

组合织片1和织片2制作一个大翅膀

将织片1放在织片2后面，2个织片正面相对平整地重叠，翅膀每行短针所在一侧的短侧边朝左。

织片顺时针旋转90°，现在短侧边朝上，钩针上最后1个线圈在最右端。

钩织第1行时，钩针同时穿入2个织片对应的针脚或洞眼，按照下列方法将它们钩织在一起：

第1行：1针锁针起立针，在第6行最后1针短针下方对应的针脚上钩1针短针，沿着每行侧边钩4针短针完成这个侧边，翻转织片。（5针）

第2行：1针锁针起立针，短针2针并2针，1针短针，短针2针并1针，翻转织片。（3针）

第3行：1针锁针起立针，1针短针，短针2针并1针。（2针）

断线并藏好线头。

左翅膀

织片仍然正面相对，翅膀的上长边朝右，短侧边朝上，按照直立短针换线法，在前面钩织的第3行右端第1针针脚上加入黑色线材，在第2针针脚上钩"1针短针+1针锁针+1针短针"，织片顺时针旋转90°。

沿着翅膀底边钩织：在这一行侧边钩2针短针形成拐角，然后同时在2个织片上钩织，沿着起针锁针链剩下的半针钩10针短针，织片顺时针旋转90°。

沿着每行长针和3针锁针起立针的这一侧，在每行起立针或长针侧边的洞眼钩织：1针锁针，在第1行和第2行洞眼里钩"3针短针"，在第3、第4和第5行洞眼里分别钩"3针中长针"，在最后1个洞眼里钩"3针长针+1针锁针+2针长针"，织片顺时针旋转90°。

沿着翅膀上边边缘钩织：3针长针，2针中长针，11针短针，在最后1针的针脚上钩2针短针，在直立短针的同一个位置再钩1针短针。

断线，按照隐形收针法在第1针的针脚上收针。

右翅膀

旋转织片，织片最后1行位置朝左，短侧边朝上。按照直立短针换线法，在前面钩织的第3行右端第1针针脚上加入黑色线材，在第2针上钩"1针短针+1针锁针+1针短针"，织片顺时针旋转90°。

沿着翅膀相邻边缘钩织：在第1针的针脚上钩2针短针形成拐角，继续往下同时在2个织片上钩织：11针短针，2针中长针，3针长针，织片顺时针旋转90°。

沿着织片每行长针和3针锁针的这一侧，在每行锁针起立针或长针侧边的洞眼钩织：在第1行洞眼里钩"2针长针+1针多针+3针长针"，在第2、3、4行洞眼里里分别钩"3针中长针"，在第5和最后1行洞眼里分别钩"3针短针"，织片顺时针旋转90°。

沿着翅膀底边钩织：1针锁针起立针，沿着起针锁针链剩下的半针钩10针短针，在最后1针的针脚上钩2针短针，在直立短针的同一个位置再钩1针短针。

断线，按照隐形收针法在第1针的针脚上收针。

小翅膀

左右2个小翅膀各由2个织片——织片1和织片2组合而成。分别编织织片1和织片2，组合制作1个小翅膀，再用同样方法制作另外1个小翅膀。参考翅膀提示。

织片1

使用蓝色线，按照锁针链起针的方法钩8针锁针。

从倒数第2针开始钩织：

第1行：2针短针，3针中长针，1针长针，长针1针分2针，翻转织片。（8针）

第2行：3针锁针起立针，3针长针，3针中长针，2针短针，翻转织片。（8针）

第3行：1针锁针起立针，2针短针，3针中长针，4针长针，翻转织片。（9针）

断线并收针，最后将多余的线头顺着织物反面的纹理藏进去。

织片2

使用蓝色线，按照锁针链起针的方法钩10针锁针。

从倒数第4针开始钩织：

第1行：长针1针分2针，1针长针，3针中长针，2针短针，翻转织片。（8针）

第2行：1针锁针起立针，2针短针，3针中长针，4针长针，翻转织片。（9针）

第3行：3针锁针，4针长针，3针中长针，2针短针。（9针）

断线并收针，最后将多余的线头顺着织物反面的纹理藏进去。

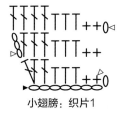
小翅膀：织片1

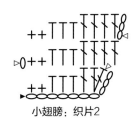
小翅膀：织片2

组合织片1和织片2制作1个小翅膀

　　将2个织片重叠，钩针同时穿入2个织片对应的针脚，按照下述方法说明将织片钩织在一起。

右翅膀

　　将织片2正面朝外放在织片1后面，2个织片平整地重叠，织片每行短针所在的短侧边朝右，最后1行朝上。

　　按照直立短针换线法，在最后1行的右端第1针加入黑色线钩织：沿着针脚钩5针短针，2针中长针，中长针1针分2针，织片顺时针旋转90°，此时每行长针所在的长侧边朝上。

　　在侧边每行最后1针长针和起立针的洞眼里钩织：在第1行洞眼里钩"2针中长针+1针长针"，锁针1针的狗牙针，在第2行洞眼里钩"2针长针+锁针1针的狗牙针+2针长针"，锁针1针的狗牙针，在第3行洞眼里钩"2针长针"，8针锁针，接下来挑锁针链的里山钩织（详见重点教程P63）：在倒数第3针上钩长针1针分2针，2针中长针，1针短针，2针引拔针，在翅膀织片第3行洞眼里继续钩"1针长针+1针中长针"，织片顺时针旋转90°。

　　沿着起针锁针链剩下的半针钩织：2针中长针，5针短针，织片顺时针旋转90°。

　　短侧边朝上，在织片第2行的侧边洞眼里面钩一组："2针中长针+1针长针+1针锁针+1针长针+2针中长针"。

　　断线，按照隐形收针的方法在直立短针的针脚上收针。

左翅膀

　　将织片1正面朝外放在织片2后面，2个织片平整地重叠，织片每行短针所在的的短侧边朝右，起针锁针链位置朝上。

　　按照直立短针换线法，在起针锁针链右端第1个半针上加入黑色线钩织：4针短针，2针中长针，织片顺时针旋转90°，此时每行长针所在的长侧边朝上。

　　在侧边每行最后1针长针和起立针

的洞眼里钩织：在第1行洞眼里钩"1针中长针+1针长针"，8针锁针，接下来挑锁针链的里山钩织：在倒数第3针上钩长针1针分2针，2针中长针，1针短针，2针引拔针，在翅膀织片第3行洞眼里再钩"2针长针"，锁针1针的狗牙针，在第2行洞眼里钩"2针长针，锁针1针的狗牙针，2针长针"，锁针1针的狗牙针，在最后一行洞眼里钩"1针长针+2针中长针"。

　　织片顺时针旋转90°此时翅膀上边朝上：中长针1针分2针，2针中长针，6针短针，织片顺时针旋转90°。

　　短侧边朝上，在第2行侧边的洞眼里钩一组："2针中长针+1针长针+1针锁针+1针长针+2针中长针"。

　　断线，按照隐形收针的方法在直立短针的针脚上收针。

组 合

翅膀

　　将左右的大小翅膀分别组合成对，再缝合到腰带接缝的左右两侧，最后在缝合位置中心缝上翅膀贴片（详见教程：组合蝴蝶翅膀P68）。

触角

　　在帽子上缝上触角（详见基本形状：触角P78）。

GOLDEN DAYDREAM MOTH

金色白日梦飞蛾

材料

钩针：US C/2（2.25mm 或 2.5mm）

线材：Scheepjes Catona 4股（sport），100%棉，25g/62m——各1团

· 130号 浅米色（米白色）
· 383号 姜黄色（金黄色）
· 179号 黄玉色（驼色）
· 172号 淡银色（银灰色）
· 402号 银绿色（浅草绿色）
· 401号 鸭绿色（翡翠绿）

其他：

· 填充物
· 5mm黑色安全眼睛

头 部

使用米白色线，按照头部从上往下的编织方法完成（详见基本形状：头部P76）。

身 体

使用驼色线，按照纯色毛毛虫身体的编织方法完成（类型P）（详见毛毛虫：身体P80）。

帽 子

使用金黄色线，按照标准平帽沿的编织方法完成（详见基本形状：帽子P77）。

触 角

使用驼色线，按照触角类型B的编织方法完成（详见基本形状：触角P78）。

腰 带

使用米白色线，按照腰带类型A的编织方法完成（详见基本形状：腰带P79）。

在腰带表面用软钢丝刷轻轻刷出绒毛。

翅 膀 贴 片

使用翡翠绿色线，按照翅膀贴片的编织方法完成（详见基本形状：翅膀贴片P79）。

大翅膀

左右2个大翅膀各由2个织片——织片1和织片2组合而成。分别编织织片1和织片2，组合制作成1个大翅膀，再用同样方法制作另外1个大翅膀。

> **关于织片1和2的提示：**
>
> 在开始钩织新一行时，第1针都是锁针起立针。
>
> 如果最后1针是钩织长针，都是在上一行锁针起立针上钩织（从下往上数，挑第3针锁针钩织）。

织片1

使用米白色线，按照锁针链起针的方法，钩13针锁针。

从倒数第4针开始钩织：

第1行： 长针1针分2针，1针长针，4针中长针，4针短针，翻转织片。（11针）

第2行： 1针锁针起立针，4针短针，4针中长针，4针长针，翻转织片。（12针）

第3行： 3针锁针起立针，在起立针下方对应的针脚上钩长针1针分2针，3针长针，5针中长针，3针短针，翻转织片。（13针）

第4行： 1针锁针起立针，3针短针，5针中长针，6针长针，翻转织片。（14针）

第5行： 3针锁针起立针，在起立针下方对应的针脚上钩长针1针分2针，5针长针，6针中长针，2针短针，翻转织片。（15针）

第6行： 1针锁针起立针，2针短针，6针中长针，8针长针。（16针）

断线并收针。

织片2

使用米白色线，按照锁针链起针的方法，钩11针锁针。

从倒数第2针开始钩织：

第1行： 4针短针，4针中长针，1针长针，长针1针分2针，翻转织片。（11针）

第2行： 3针锁针起立针，在起立针下方对应的针脚上钩长针1针分2针，2针长针，4针中长针，4针短针，翻转织片。（12针）

第3行： 1针锁针起立针，3针短针，5针中长针，5针长针，翻转织片。（13针）

第4行： 3针锁针起立针，在起立针下方对应的针脚上钩长针1针分2针，4针长针，5针中长针，3针短针，翻转织片。（14针）

第5行： 1针锁针起立针，2针短针，6针中长针，7针长针，翻转织片。（15针）

第6行： 3针锁针起立针，在起立针下方对应的针脚上钩长针1针分2针，6针长针，6针中长针，2针短针，翻转织片。（16针）

不要断线。

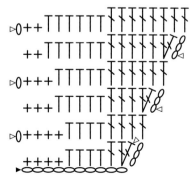

大翅膀：织片1

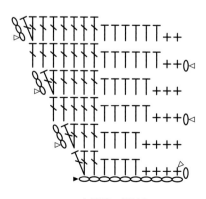

大翅膀：织片2

组合织片1和织片2制作一个大翅膀

　　将织片1放在织片2后面，2个织片正面相对，平整地重叠，翅膀每行短针所在一侧的短侧边朝左。

　　织片顺时针旋转90°，现在短侧边朝上，钩针上最后1个线圈在最右端。

　　钩织第1行时，钩针同时穿入2个织片对应的针脚或洞眼，按照下述方法将它们钩织在一起：

第1行： 1针锁针起立针，在第6行最后1针短针下方对应的洞眼上钩1针短针，沿着侧边每行钩4针短针完成这个侧边，翻转织片。（5针）

第2行： 1针锁针起立针，短针2针并2针，1针短针，短针2针并1针，翻转织片。（3针）

第3行： 1针锁针起立针，1针短针，短针2针并1针。（2针）

　　断线并藏好线头。

左翅膀

　　织片仍然正面相对，翅膀的长边朝右，短侧边朝上，按照直立短针换线法，在前面钩织的第3行右端第1针针脚上加入黑色线，在第2针线圈上钩"1针短针+1针锁针+1针短针"，织片顺时针旋转90°。

　　沿着翅膀底边钩织：在这一行侧边钩2针短针形成拐角，然后同时在2个织片上钩织，沿着起针锁针链剩下的半针钩10针短针，织片顺时针旋转90°。

　　沿着每行为长针和3针锁针起立针的这一侧，在每行起立针或长针侧边的洞眼钩织：1针锁针，在第1行和第2行洞眼里分别钩"3针短针"，在第3、4、5行洞眼里分别钩"3针中长针"，在最后1个洞眼里钩"3针长针+1针锁针+2针长针"，织片顺时针旋转90°。

　　沿着翅膀上边边缘钩织：3针长针，2针中长针，11针短针，在最后1针的针脚上钩2针短针，在直立短针的同一个位置再钩1针短针。

　　断线，按照隐形收针法在第1针的针脚上收针。

右翅膀

　　旋转织片，织片最后1行位置朝左，短侧边朝上。按照直立短针换线法，在前面钩织的第3行右端第1针针脚上加入黑色线，在第2针上钩"1针短针+1针锁针+1针短针"，织片顺时针旋转90°。

　　沿着翅膀相邻边缘钩织：在第1针的针脚上钩2针短针形成拐角，继续往下同时在2个织片上钩织：11针短针，2针中长针，3针长针，织片顺时针旋转90°。

　　沿着织片每行为长针和3针锁针起立针的这一侧，在每行起立针或长针侧边的洞眼钩织：在第1行洞眼里钩"2针长针+1针锁针+3针长针"，在第2、3、4行洞眼里分别钩"3针中长针"，在第5和最后1行洞眼里分别钩"3针短针"，织片顺时针旋转90°。

　　沿着翅膀底边钩织：1针锁针起立针，沿着起针锁针链剩下的半针钩10针短针，在最后1针的针脚上钩2针短针，在直立短针的同一个位置再钩1针短针。

　　断线，按照隐形收针法在第1针的针脚上收针。

小翅膀

左右2个小翅膀各由2个织片——织片1和织片2组合而成。分别编织织片1和织片2，组合制作成1个小翅膀，再用同样方法制作另外1个小翅膀。

织片1

使用淡银色线，按照锁针链起针的方法，钩8针锁针。

从倒数第2针开始钩织：

第1行：2针短针，3针中长针，1针长针，长针1针分2针，翻转织片。（8针）

第2行：3针锁针起立针，3针长针，3针中长针，2针短针，翻转织片。（8针）

第3行：1针锁针起立针，2针短针，3针中长针，4针长针。（9针）

断线并收针，最后将多余的线头顺着织物反面的纹理藏进去。

织片2

使用淡银色线，按照锁针链起针的方法，钩10针锁针。

从倒数第4针开始钩织：

第1行：长针1针分2针，1针长针，3针中长针，2针短针，翻转织片。（8针）

第2行：1针锁针起立针，2针短针，3针中长针，4针长针，翻转织片。（9针）

第3行：3针锁针起立针，4针长针，3针中长针，2针短针。（9针）

断线并收针，最后将多余的线头顺着织物反面的纹理藏进去。

组合织片1和织片2制作1个小翅膀

将2个织片重叠，钩针同时穿入2个织片对应的针脚或洞眼，按照下述方法说明将织片钩织在一起：

右翅膀

将织片2正面朝外放在织片1后面，2个织片平整地重叠，织片每行短针所在的短侧边朝右，最后1行朝上。

按照直立短针换线法，在最后1行的右端第1针上加入黑色线钩织：沿着针脚钩5针短针，2针中长针，中长针1针分2针，织片顺时针旋转90°，此时每行长针所在的长侧边朝上。

在侧边每行最后1针长针或起立针的洞眼里钩织：在第1行洞眼里钩"2针中长针+1针长针"，锁针1针的狗牙针，在第2行洞眼里钩"2针长针+锁针1针的狗牙针+2针长针"，锁针1针的狗牙针，在第3行洞眼里钩"2针长针"，8针锁针，接下来挑锁针链的里山钩织（详见重点教程P63）：在倒数第3针上钩长针1针分2针，2针中长针，1针短针，2针引拔针，在翅膀织片第3行洞眼里继续钩"1针长针+1针中长针"，织片顺时针旋转90°。

沿着起针锁针链剩下的半针钩织：2针中长针，5针短针，织片顺时针旋转90°。

短侧边朝上，在织片第2行的侧边洞眼里面钩一组："2针中长针+1针长针+1针锁针+1针长针+2针中长针"。

断线，按照隐形收针的方法在直立短针的针脚上收针。

左翅膀

将织片1正面朝外放在织片2后面，2个织片平整地重叠，织片每行短针所在的的最短侧边朝右，起针锁针链位置朝上。

按照直立短针换线法，在起针锁针链右端第1个半针上加入黑色线钩针：4针短针，2针中长针，织片顺时针旋转90°，此时每行长针所在的长侧边朝上。

在侧边每行最后1针长针或起立针的洞眼里钩织：在第1行洞眼里钩"1针中长针+1针长针"，8针锁针，接下来挑锁针链的里山钩织：在倒数第3针上钩长针1针分2针，2针中长针，1针短针，2针引拔针，在翅膀织片第3行洞眼里再钩"2针长针"，锁针1针的狗牙针，在第2行洞眼里钩"2针长针，锁针1针的狗牙针，2针长针"，锁针1针的狗牙针，在最后一行洞眼里钩"1针长针+2针中长针"。

织片顺时针旋转90°，此时翅膀上边朝上：中长针1针分2针，2针中长针，6针短针，织片顺时针旋转90°。

短侧边朝上，在第2行侧边的洞眼里钩一组："2针中长针+1针长针+1针锁针+1针长针+2针中长针"。

断线，按照隐形收针的方法在直立短针的针脚上收针。

收尾、缝合

翅膀

将大小翅膀缝合制作成2对翅膀，然后分别缝合到腰带接缝的左右两侧。最后在翅膀缝合位置的中心缝上翅膀贴片（详见重点教程P68）。

触角

将触角缝到帽子上（详见基本形状：触角P78）。

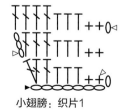

小翅膀：织片1

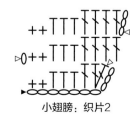

小翅膀：织片2

BEETLE LARVA
甲虫幼虫

材料

钩针：US C/2（2.25mm 或 2.5mm）

线材：Scheepjes Catona 4股（sport），100%棉，25g/62m——各1团

瓢虫
- ·130号 浅米色（米白色）
- ·393号 木炭灰（深灰色）
- ·281号 皇室橘（橘色）

鹿角虫
- ·130号 浅米色（米白色）
- ·383号 姜黄色（金黄色）
- ·162号 黑咖啡（深棕色）

其他：
- ·填充物
- ·5mm黑色安全眼睛

"不！一点也不可爱！这些怪兽吃掉了我无数的朋友！"

头部

使用米白色线，按照头部从上往下的编织方法完成前16圈（详见基本形状：头部P76），然后在最后1针最后1步换线钩织身体（瓢虫换成深灰色线，鹿角虫换成金黄色线）。

身体

第17圈：21针引拔针。

第18圈：挑后半针钩21针短针。

第19~20圈：21针短针。（共2圈）

第21圈：21针引拔针。

第22圈：挑前半针钩1针短针，挑前半针钩短针1针分2针，[挑前半针钩2针短针，挑前半针钩短针1针分2针]重复6次，挑前半针钩1针短针。（28针）

第23圈：28针短针。

第24圈：[6针短针，短针1针分2针]重复4次。（32针）

第25~29圈：32针短针（共5圈）。

第30圈：[短针2针并1针，6针短针]重复4次。（28针）

第31圈：28针短针。

第32圈：1针短针，短针2针并1针，[2针短针，短针2针并1针]重复6次，1针短针。（21针）

第33圈：21针短针。

将身体填充饱满。

第34圈：[短针2针并1针，1针短针]重复7次。（14针）

第35圈：[短针2针并1针]重复7次。（7针）

再继续填充一些填充物，然后断线，按照挑前半针收针的方法（详见重点教程P66），将剩下的7针收紧，最后藏好多余的线头。

帽子

使用深灰色线钩织瓢虫的帽子，使用深棕色线钩织鹿角虫的帽子，都按照标准平帽沿的编织制作方法完成（详见基本形状：帽子P77）。

收尾

瓢虫

使用橘色线，在幼虫的背部绣4个斑点，斑点范围跨度为2圈×2针。

BEETLE PUPA 甲虫蛹

材料

钩针：US C/2（2.25mm 或 2.5mm）

线材：Scheepjes Catona 4股（sport），100%棉，25g/62m——各1团

瓢虫
- 281号 橘红色或411号 甜橘色（橘色）
- 110号 深黑色（黑色）

制作方法

圆织片（制作2个）

使用黑色线，按照魔术环起针法起针（详见重点教程P61）。

第1圈：2针锁针起立针（不算作1针），在针脚里钩12针中长针。（12针）

拉紧针脚并断线，按照隐形收针的方法（详见重点教程P61），在第1针中长针的针脚上收针（圆织片上共有13针）。

壳

取其中一个圆织片（反面面向自己），按照活结换线法，在任意一个针脚位置加入橘色线（详见重点教程P65），接着钩15针锁针，取出另外一个圆织片（正面面向自己），在任意一个针脚上钩1针短针连接。

翻转织片，按照下列方法说明，挑后半针钩织：

第1行：跳过1针不钩，在相邻的针脚上开始钩2针引拔针，10针短针，2针引拔针，在第1个圆织片活结的同一个位置钩1针短针连接（见图1），翻转织片。（15针）

第2行：跳过1针不钩，在相邻的针脚上开始钩2针引拔针，4针短针，[短针1针分2针]重复2次，4针短针，2针引拔针，在第2个圆织片上一个连接的针脚里再钩1针短针连接，翻转织片。（17针）

第3行：跳过1针不钩，在相邻的针脚上开始钩2针引拔针，12针短针，2针引拔针，在第1个圆织片第2针的针脚上钩1针短针连接，翻转织片。（17针）

提示：

除了与圆织片连接点以外，每行都只挑后半针钩织（见图2）

在黑色圆织片的每个连接位置的针脚上都钩2针橘色短针。

在与圆织片连接时，钩针要同时穿入前后半针钩织。

1

2

第4行：跳过第1针短针针脚不钩，在相邻的针脚上开始钩2针引拔针，4针短针，1针中长针，[中长针1针分2针]重复2次，1针中长针，4针短针，2针引拔针，在第2个圆织片第2针的针脚上钩1针短针连接，翻转织片。（19针）

第5行：跳过1针不钩，在相邻的针脚上开始钩2针引拔针，14针短针，2针引拔针，在第1个圆织片第2针的针脚上钩1针短针连接，翻转织片。（19针）

第6行：跳过1针不钩，在相邻的针脚上开始钩2针引拔针，4针短针，2针中长针，[中长针1针分2针]重复2次，2针中长针，4针短针，2针引拔针，在第2个圆织片第2针的针脚上钩1针短针连接，翻转织片。（21针）

第7行：跳过1针不钩，在相邻的针脚上开始钩2针引拔针，16针短针，2针引拔针，在第1个圆织片第3针的针脚上钩1针短针连接，翻转织片。（21针）

第8行：跳过1针不钩，在相邻的针脚上开始钩2针引拔针，4针短针，3针中长针，[中长针1针分2针]重复2次，3针中长针，4针短针，2针引拔针，在第2个圆织片第3针的针脚上钩1针短针连接，翻转织片。（23针）

第9行：跳过1针不钩，在相邻的针脚上

开始钩2针引拔针，18针短针，2针引拔针，在第1个圆织片第3针的针脚上钩1针短针连接，翻转织片。（23针）

第10行：跳过1针不钩，在相邻的针脚上开始钩2针引拔针，3针短针，3针中长针，2针长针，[长针1针分2针]重复2次，2针长针，3针中长针，3针短针，2针引拔针，在第2个圆织片第3针的针脚上钩1针短针连接，翻转织片。（25针）

第11行：跳过1针不钩，在相邻的针脚上开始钩2针引拔针，20针短针，2针引拔针，在第1个圆织片第4针的针脚上钩1针短针连接，翻转织片。（25针）

第12行：跳过1针不钩，在相邻的针脚上开始钩2针引拔针，3针短针，3针中长针，3针长针，[长长针1针分2针]重复2次，3针长针，3针中长针，3针短针，2针引拔针，在第2个圆织片第4针的针脚上钩1针短针连接，翻转织片。（27针）

第13行：跳过1针不钩，在相邻的针脚上开始钩2针引拔针，22针短针，2针引拔针，在第1个圆织片第4针的针脚上钩1针短针连接，翻转织片。（27针）

第14行：跳过1针不钩，在相邻的针脚上开始钩2针引拔针，3针短针，3针中长针，4针长针，[长长针1针分2针]重复2次，4针长针，3针中长针，3针短针，2

针引拔针，在第2个圆织片第4针的针脚上钩1针短针连接，翻转织片。（29针）

第15行：跳过1针不钩，在相邻的针脚上开始钩2针引拔针，24针短针，2针引拔针，在第1个圆织片第5针的针脚上钩1针短针连接，翻转织片。（29针）

第16行：跳过1针不钩，在相邻的针脚上开始钩2针引拔针，3针短针，3针中长针，4针长针，4针长长针，4针长针，3针中长针，3针短针，2针引拔针，在第2个圆织片第5针的针脚上钩1针短针连接，翻转织片。（29针）

第17行：跳过1针不钩，在相邻的针脚上开始钩2针引拔针，24针短针，2针引拔针，在第1个圆织片第5针的针脚上钩1针短针连接，翻转织片。（29针）

第18行：跳过1针不钩，在相邻的针脚上开始钩2针引拔针，3针短针，3针中长针，3针长针，1针长长针，[长长针2针并1针]重复2次，1针长长针，3针长针，3针中长针，3针短针，2针引拔针，在第2个圆织片第5针的针脚上钩1针短针连接，翻转织片。（27针）

第19行：跳过1针不钩，在相邻的针脚上开始钩2针引拔针，22针短针，2针引拔针，在第1个圆织片第6针的针脚上钩1针短针连接，翻转织片。（27针）

第20行：跳过1针不钩，在相邻的针脚上开始钩2针引拔针，3针短针，3针中长针，2针长针，[长针2针并1针，2针长针]重复2次，3针中长针，3针短针，2针引拔针，在第2个圆织片第6针的针脚上钩1针短针连接，翻转织片。（25针）

第21行：跳过1针不钩，在相邻的针脚上开始钩2针引拔针，20针短针，2针引拔针，在第1个圆织片第6针的针脚上钩1针短针连接，翻转织片。（25针）

第22行：跳过1针不钩，在相邻的针脚上开始钩2针引拔针，3针短针，3针中长针，1针长针，长针2针并1针，2针长针，长针2针并1针，1针长针，3针中长针，3针短针，2针引拔针，在第2个圆织片第6针的针脚上钩1针短针连接，翻转织片。（23针）

第23行：跳过1针不钩，在相邻的针脚上开始钩2针引拔针，18针短针，2针引拔针，在第1个圆织片第7针的针脚上钩1针短针连接，翻转织片。（23针）

第24行：跳过1针不钩，在相邻的针脚上开始钩2针引拔针，3针短针，3针中长

针，6针长针，3针中长针，3针短针，2针引拔针，在第2个圆织片第7针的针脚上钩1针短针连接，翻转织片。（23针）

第25行：重复第23行。

第26行：重复第24行。

第27行：重复第23行，但是在第1个圆织片第8针的针脚上钩1针短针连接，翻转织片。

第28行：重复第24行，但是在第2个圆织片第8针的针脚上钩1针短针连接，翻转织片。

第29行：重复第27行。

第30行：跳过1针不钩，在相邻的针脚上开始钩2针引拔针，3针短针，3针中长针，2针长针，[长针1针分2针]重复2次，2针长针，3针中长针，3针短针，2针引拔针，在第2个圆织片第8针的针脚上钩1针短针连接，翻转织片。（25针）

第31行：跳过1针不钩，在相邻的针脚上开始钩2针引拔针，20针短针，2针引拔针，在第1个圆织片第9针的针脚上钩1针短针连接，翻转织片。（25针）

第32行：跳过1针不钩，在相邻的针脚上开始钩2针引拔针，3针短针，3针中长针，3针长针，[长长针1针分2针]重复2次，3针长针，3针中长针，3针短针，2针引拔针，在第2个圆织片第9针的针脚上钩1针短针连接，翻转织片。（27针）

第33行：跳过1针不钩，在相邻的针脚上开始钩2针引拔针，22针短针，2针引拔针，在第1个圆织片第9针的针脚上钩1针短针连接，翻转织片。（27针）

第34行：跳过1针不钩，在相邻的针脚上开始钩2针引拔针，3针短针，3针中长针，3针长针，1针长长针，[长长针1针分2针]重复2次，1针长长针，3针长针，3针中长针，3针短针，2针引拔针，在第2个圆织片第9针的针脚上钩1针短针连接，翻转织片。（29针）

第35行：跳过1针不钩，在相邻的针脚上开始钩2针引拔针，24针短针，2针引拔针，在第1个圆织片第10针的针脚上钩1针短针连接，翻转织片。（29针）

第36行：跳过1针不钩，在相邻的针脚上开始钩2针引拔针，3针短针，3针中长针，3针长针，2针长长针，[长长针1针分2针]重复2次，2针长长针，3针长针，3针中长针，3针短针，2针引拔针，在第2个圆织片第10针的针脚上钩1针短针连接，翻转织片。（31针）

第37行：跳过1针不钩，在相邻的针脚上开始钩2针引拔针，26针短针，2针引拔针，在第1个圆织片第10针的针脚上钩1针短针连接，翻转织片。（31针）

第38行：跳过1针不钩，在相邻的针脚上开始钩2针引拔针，3针短针，3针中长针，3针长针，3针长长针，[长长针1针分2针]重复2次，3针长长针，3针中长针，3针短针，2针引拔针，在第2个圆织片第10针的针脚上钩1针短针连接，翻转织片。（33针）

第39行：跳过1针不钩，在相邻的针脚上开始钩2针引拔针，28针短针，2针引拔针，在第1个圆织片第11针的针脚上钩1针短针。（33针）

第40行：跳过1针不钩，在相邻的针脚上开始钩2针引拔针，3针短针，3针中长针，4针长针，3针长长针，[长长针1针分2针]重复2次，3针长长针，4针长针，3针中长针，3针短针，2针引拔针，在第2个圆织片第11针的针脚上钩1针短针连接，翻转织片。（35针）

第41行：跳过1针不钩，在相邻的针脚上开始钩2针引拔针，30针短针，2针引拔针，在第1个圆织片第11针的针脚上钩1针短针连接，翻转织片。（35针）

第42行：跳过1针不钩，在相邻的针脚上开始钩2针引拔针，4针短针，5针中长针，12针长针，5针长长针，4针短针，2针引拔针，在第2个圆织片第11针的针脚上钩1针短针，翻转织片。（35针）

第43行：跳过1针不钩，在相邻的针脚上开始钩2针引拔针，30针短针，2针引拔针，在第1个圆织片第12针的针脚上钩1针短针连接，翻转织片。（35针）

第44行：跳过1针不钩，在相邻的针脚上开始钩2针引拔针，5针短针，5针中长针，10针长针，5针中长针，5针短针，2针引拔针，在第2个圆织片第12针的针脚上钩1针短针连接，不要反翻转织片，也不要断线。

收尾

为了使蛹开口的位置更平整，沿着开口每一针的针脚钩一圈引拔针，同时挑2个半针钩织：在圆织片上剩下的最后1个针脚上钩1针短针，在锁针链剩下的半针上钩引拔针，在另外一个圆织片第13针的针脚上钩1针短针，在第44行的针脚上钩34针引拔针。

断线并隐形收针（详见重点教程P66）。最后藏好线头。

LADYBIRD 瓢虫

材料

钩针：US C/2（2.25mm 或 2.5mm）

线材：Scheepjes Catona 4股（sport），100%棉，25g/62m——各1团

· 130号 浅米色（米白色）
· 393号 木炭灰（深灰色）
· 390号 罂粟红（红色）
· 110号 深黑色（黑色）

其他：

· 填充物
· 5mm黑色安全眼睛

头部

使用米白色线，按照头部从上往下的编织方法完成（详见基本形状：头部P76）。

身体

使用深灰色线，按照甲虫幼虫身体的编织方法完成（详见甲虫幼虫P100）。

帽子

使用黑色线，按照尖角帽沿的编织方法完成（详见基本形状：帽子P77）。

触角

使用黑色线，按照触角类型A的编织方法完成（详见基本形状：触角P78）。

翅膀套装

翅膀是由2个单独的织片组成，1个为红色，1个为米白色，在制作腰带前，将这2个织片组合成完整的翅膀。

提示：

每行的第1针都在锁针起立针下方对应的针脚上钩织。从第2行开始，锁针起立针算作1针中长针。

每行最后1针都是在上一行锁针起立针上钩织（从下往上数，挑第2针锁针钩织）。

如果同时挑起立针上的两个半针比较困难，可以只挑前半针钩织。

翅膀织片

使用黑色线，按照魔术环起针法起针（详见重点教程P61）。

第1圈： 2针锁针起立针（不算作1针）。在线圈里钩8针中长针。跳过起立针不钩，在相邻第1针中长针上钩1针引拔针，翻转织片。（8针）

往下片钩：

第2行： 换红色线，2针锁针起立针（算作第1针中长针，往下同理），在起立针下方对应的针脚上钩1针中长针，[中长针1针分2针]重复5次，翻转织片，剩余中长针针脚不钩织。（12针）

第3行： 2针锁针起立针，在起立针下方对应的针脚上钩1针长针，[1针中长针，中长针1针分2针]重复5次，1针中长针，翻转织片。（18针）

第4行： 2针锁针起立针，在起立针下方对应的针脚上钩1针长针，[2针中长针，中长针1针分2针]重复5次，2针中长针，翻转织片。（24针）

第5行： 2针锁针起立针，在起立针下方对应的针脚上钩1针中长针，[3针中长针，中长针1针分2针]重复5次，3针中长针，翻转织片。（30针）

第6行： 2针锁针起立针，在起立针下方对应的针脚上钩1针中长针，4针中长针，中长针1针分2针，2针中长针，2针长针，[长针1针分2针，4针长针]重复2次，长针1针分2针，4针中长针，中长针1针分2针，4针中长针，翻转织片。（36针）

第7行： 1针锁针起立针，36针短针。
断线并收针。

按照同样的方法，用米白色线钩织另外一个织片。

"还有黄色和黑色的瓢虫，他们的斑点有2到24个，我讨厌他们！"

1

2

3

4

组合织片

　　取出2个织片，将红色织片叠放在米白色织片上，钩针同时穿入2个织片对应的针脚或对应洞眼，将2个织片钩织在一起：

第1行：按照直立短针换线法（详见重点教程P65），在织片第7行右端最后1针的侧边加入红色线（算作第1针短针），[在相邻的侧边钩短针1针分2针]重复4次，换米白色线，在红色和黑色圆织片交界上钩"3针短针"，在圆织片上钩织：跳过1针不钩，挑后半针钩1针引拔针，跳过1针不钩，红色和黑色交界上钩"3针短针"，换红色线，[在相邻的侧边钩短针1针分2针]重复4次，在第7行左端第1针的针脚上钩1针短针（见图1）。（24针）

　　断线并收针。

第2行：按照直立短针换线法，在右端第1针红色针脚上加入黑色线（为了展示得更清晰，图中使用灰色线）（算作第1针短针），3针短针，4针中长针，[长针3针并1针]重复3次，4针中长针，4针短针（见图2）。（19针）

腰带

　　织物顺时针旋转90°，顺着翅膀套装钩织，钩针同时穿入2个织片对应的针脚或洞眼，按照下述方法将2个织片钩织在一起：

第1行：1针锁针起立针（算作第1针短针），在红色最后1行侧边钩1针短针，在织片侧边钩3针短针。（5针）

第2~14行：1针锁针起立针，挑后半针钩5针引拔针，翻转织片。（共13行）（见图3）

　　预留长一些的线头断线，将线头从最后一个线圈穿出拉紧，再用线头将腰带的这5针与翅膀套装另外一侧缝合连接（见图4），最后将多余的线头顺着纹理藏进去。

斑点（制作3个）

　　使用黑色线，按照魔术环起针法起针（详见重点教程P61）。

第1圈：在线圈里钩13针短针。

　　预留长一些的线头断线，收紧线圈，并按照隐形收针的方法在第1针短针上收针（详见重点教程P66）。用预留的线头将斑点缝在翅膀套装上（缝合位置参照图片）。

STAG BEETLE 鹿角虫

材料

钩针：US C/2（2.25mm 或 2.5mm）

线材：Scheepjes Catona 4股（sport），100%棉，25g/62m——各1团

- 130号 浅米色（米白色）
- 162号 黑咖啡（深棕色）
- 383号 姜黄色（金黄色）
- 397号 青色（亮蓝色）
- 401号 鸭绿色（翡翠绿）

其他：

- 填充物
- 5mm黑色安全眼睛

头部

使用米白色线，按照头部从上往下的编织方法完成（详见基本形状：头部P76）。

身体

使用金黄色线，按照甲虫幼虫身体的编织方法完成（详见甲虫幼虫P100）。

帽子

使用深棕色线，按照尖角帽沿的编织方法完成（详见基本形状：帽子P77）。

翅膀套装

翅膀是由2个单独的织片组成，1个为亮蓝色和翡翠绿，1个为米白色，在制作腰带前，将这2个织片组合成完整的翅膀。

提示：

每行的第1针都在2针锁针起立针下方对应的针脚上钩织。从第2行开始，锁针起立针算作1针中长针。

每行最后1针都是在上一行锁针起立针上钩织（从下往上数，挑第2针锁针钩织）。

如果同时挑起立针上的两个半针比较困难，可以只挑前半针钩织。

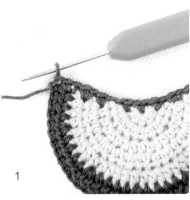

1

翅膀织片

使用亮蓝色线，按照魔术环起针法起针（详见重点教程P61）。

第1圈：2针锁针起立针（不算作1针）。在线圈里钩6针中长针，翻转织片。（6针）

往下片钩：

第2行：2针锁针起立针（算作第1针中长针，往下同理），在起立针下方对应的针脚上钩1针中长针，[中长针1针分2针]重复5次，翻转织片，剩余起立针的针脚不钩织。（12针）

第3行：2针锁针起立针，在起立针下方对应的针脚上钩1针长针，[1针中长针，中长针1针分2针]重复5次，1针中长针，翻转织片。（18针）

第4行：2针锁针起立针，在起立针下方对应的针脚上钩1针长针，[2针中长针，中长针1针分2针]重复5次，2针中长针，翻转织片。（24针）

第5行：2针锁针起立针，在起立针下方对应的针脚上钩1针中长针，[3针中长针，中长针1针分2针]重复5次，3针中长针翻转织片。（30针）

第6行：换翡翠绿色线，2针锁针起立针，在起立针下方对应的针脚上钩1针中长针，4针中长针，中长针1针分2针，2针中长针，2针长针，[长针1针分2针，4针长针]重复2次，长针1针分2针，4针中长针，中长针1针分2针，4针中长针，翻转织片。（36针）

第7行：1针锁针起立针，36针短针。

断线并收针。

按照同样的方法，用米白色线钩织另外一个织片。

组合织片

取出2个织片，将蓝色织片叠放在米白色织片上，钩针同时穿入2个织片对应的针脚或洞眼，将2个织片钩织在一起：

第1行：按照直立短针换线法（详见重点教程P65），在织片第7行右端最后1针的针脚上加入深棕色线（算作第1针短针）

，[每2行侧边钩短针1针分2针]重复4次，在魔术环的线圈里钩短针1针分2针，[每2行侧边钩短针1针分2针]重复4次，在左端最后1针的针脚上钩1针短针，翻转织片（见图1，为了展示得更清晰，图中使用灰色线）。（20针）

第2行：1针锁针起立针，3针短针，4针中长针，[长针2针并1针]重复3次，4针中长针，3针短针。（17针）

腰 带

织物顺时针旋转90°，顺着翅膀套装钩织，钩针同时穿入2个织片对应的针脚或洞眼，按照下述方法将2个织片钩织在一起：

第1行：1针锁针起立针（算作第1针短针），4针短针。（5针）

第2~15行：1针锁针起立针，挑后半针钩5针引拔针，翻转织片。（共14行）

预留长一些的线头断线，将线头从最后一个线圈穿出拉紧，再用线头将腰带

的这5针与翅膀套装另外一侧缝合连接（见图4），最后将多余的线头顺着纹理藏进去。

鹿角（制作2个）

使用深棕色线，按照锁针链起针的方法，钩9针锁针。

第1行： 从倒数第2针锁针的里山开始钩织：2针引拔针，1针短针，5针锁针（见图2），从倒数第2针锁针的里山开始钩织（详见重点教程P63）：1针引拔针，2针短针，1针中长针，挑左下方短针的针柱钩"3针中长针"（见图3），继续在起针的锁针链的里山上钩织：1针中长针，1针长针，长针1针分2针，2针长针（见图4）。

预留长一些的线头断线并收针。

在右鹿角的正面钩1行引拔针，在左鹿角的反面钩1行引拔针（见图5，为了展示得更清晰，图中使用白色线）。

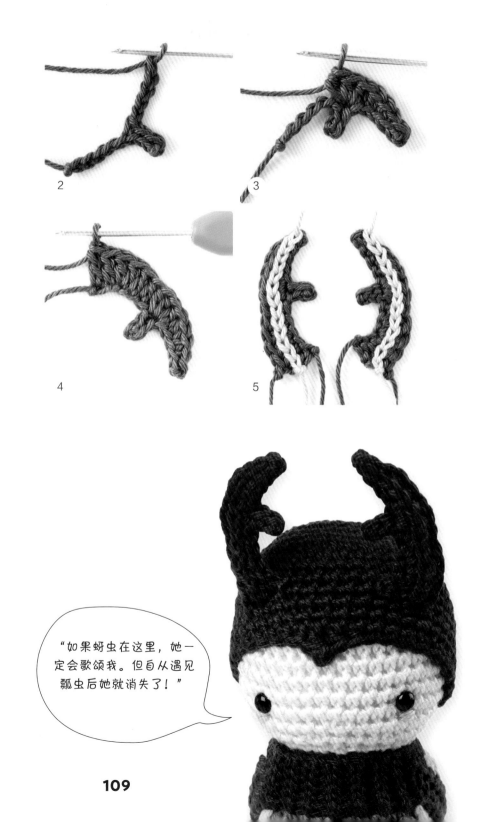

2

3

4

5

表面钩织针法：

打一个活结套在钩针上，钩针穿入鹿角底端前2针长针的针柱之间。将用于钩织的线绕到织物下面。钩针将线同时从织物和钩针上的线圈钩出，方法与钩标准引拔针一样。然后在每个针法针柱之间的洞眼里重复上述步骤，直到钩到鹿角顶端。

收 尾

鹿角

将鹿角放在帽子上，内侧位于帽沿往帽顶数第5圈的位置，2个鹿角内侧间隔6针，外侧位于帽沿第3圈的位置，用预留的线头缝合。

"如果蚜虫在这里，她一定会歌颂我。但自从遇见瓢虫后她就消失了！"

FLY MAGGOT
苍蝇幼虫

材料

钩针：US C/2（2.25mm 或 2.5mm）

线材：Scheepjes Catona 4股（sport），100%棉，25g/62m——各1团

· 130号 浅米色（米白色）
· 101号 烛光黄（浅柠檬黄）

其他：

· 填充物
· 5mm黑色安全眼睛

头 部

使用米白色线，按照头部从上往下的编织方法完成（详见基本形状：头部P76），钩织到第17圈时结束，在最后1针最后一步换成浅柠檬黄色线。

身 体

第18圈：14针引拔针。

之后每圈都只挑针脚后半针钩织。

第19圈：14针短针。

第20圈：[1针短针，短针1针分2针]重复7次。（21针）

第21~22圈：21针短针。（共2圈）

第23圈：1针短针，短针1针分2针，[2针短针，短针1针分2针]重复6次，1针短针。（28针）

第24~26圈：28针短针。（共3圈）

第27圈：[短针2针并1针，5针短针]重复4次。（24针）

第28圈：2针短针，短针2针并1针，[4针短针，短针2针并1针]重复3次，2针短针。（20针）

填充饱满身体。

第29圈：[短针2针并1针，3针短针]重复4次。（16针）

第30圈：1针短针，短针2针并1针，[2针短针，短针2针并1针]重复3次，1针短针。（12针）

第31圈：[短针2针并1针，1针短针]重复4次。（8针）

再填充一些填充物，断线并按照挑后半针收针的方法将剩下的8针收紧（详见重点教程P67），最后藏好线头。

帽 子

使用浅柠檬黄色线，按照帽子标准平帽沿的编织方法完成（详见基本形状：帽子P77）。

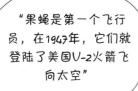

"果蝇是第一个飞行员，在1947年，它们就登陆了美国V-2火箭飞向太空"

FLY PUPA
苍蝇蛹

材料

钩针：US C/2（2.25mm 或 2.5mm）

线材：Scheepjes Catona 4股（sport），100%棉，25g/62m
· 1团388号 绣红色（红色）

提示：

每圈3针锁针起立针不算作1针。

每圈都在起立针相邻的针脚上挑后半针钩第1针长针（引拔针相邻的针脚）。

茧

使用红色线，按照魔术环起针法起针（详见重点教程P61）。

第1圈：3针锁针起立针（不算作1针，往下同理），在线圈里钩8针长针，在起立针上引拔结束。（8针）

第2圈：3针锁针起立针，在每个针脚上都挑后半针钩长针1针分2针，在起立针上引拔结束。（16针）

第3圈：3针锁针起立针，[挑后半针钩1针长针，挑后半针钩长针1针分2针]重复8

次，在起立针上引拔结束。（24针）

第4圈：3针锁针起立针，[挑后半针钩2针长针，挑后半针钩长针1针分2针]重复8次，在起立针上引拔结束。（32针）

第5圈：3针锁针起立针，[挑后半针钩3针长针，挑后半针钩长针1针分2针]重复8次，在起立针上引拔结束。（40针）

第6圈：3针锁针起立针，挑后半针钩40针长针，在起立针上引拔结束。

第7圈：3针锁针起立针，[挑后半针钩9针长针，挑后半针钩长针1针分2针]重复4次，在起立针上引拔结束。（44针）

第8~9圈：3针锁针起立针，44针长针，在起立针上引拔结束。（共2圈）

在开始下一圈编织之前，往后数7针，并在第7针长针的针脚上用记号扣标记。

第10圈：1针锁针起立针，7针引拔针，30针锁针，跳过30针不钩织，注意

30针的锁针链不要扭转，在记号扣的线圈上钩1针引拔针连接，6针引拔针，在起立针上引拔结束。（44针）

第11圈：3针锁针起立针，挑后半针钩7针长针，挑锁针链反面的里山钩织（详见重点教程P63）：30针长针，挑锁针后半针钩7针长针，在起立针上引拔结束。（44针）

第12圈：3针锁针起立针，挑后半针钩44针长针，在起立针上引拔结束。（44针）

第13圈：3针锁针起立针，[挑后半针钩长针2针并1针，挑后半针钩9针长针]重复4次，在起立针上引拔结束。（40针）

第14圈：3针锁针起立针，[挑后半针钩长针2针并1针，挑后半针钩3针长针]重复8次，在起立针上引拔结束。（32针）

第15圈：3针锁针起立针，[挑后半针钩长针2针并1针，2针长针]重复8次，在起立针上引拔结束。（24针）

第16圈：3针锁针起立针，[挑后半针钩长针2针并1针，1针长针]重复8次，在起立针上引拔结束。（16针）

第17圈：3针锁针起立针，[挑后半针钩长针2针并1针]重复8次，在起立针上引拔结束。（8针）

断线并按照挑前半针收针的方法，将剩下的8针针脚收紧（详见重点教程P66）。

"开始起飞啦！"

FLY 苍蝇

头部和身体

使用米白色和浅柠檬黄色线，按照苍蝇蛹的编织方法完成（详见苍蝇蛹P111）

帽子

使用翡翠绿线，按照标准平帽沿的编织方法完成（详见基本形状：帽子P77）

苍蝇眼睛（制作2个）

使用红色线，按照魔术环起针法起针（详见重点教程P61）。

第1圈：在线圈里钩6针短针。（6针）
第2圈：[短针1针分2针]重复6次。（12针）
第3圈：[1针短针，短针1针分2针]重复6次。（18针）
第4圈：1针短针，短针1针分2针，[2针短针，短针1针分2针]重复5次，1针短针。（24针）

第5~6圈：24针短针。（共2圈）

在相邻针脚上引拔结束，预留长一些线头断线，按照隐形收针的方法收针（详见重点教程P66）。

触角

使用黑色线，按照触角类型A的制作方法完成（详见基本形状：触角P78）。

翅膀套装

使用翡翠绿色线，按照腰带类型B的制作方法完成（详见基本形状：腰带P79）。

腰带底部的编织

苍蝇翅膀套装就类似于一个小小的睡袋，所以现在您要继续编织睡袋底部。钩1针锁针，然后沿着侧边行和行之间的洞眼编织：

第1圈：[在两行之间的洞眼里钩短针1针分2针]重复12次。（24针）

第2~3圈：挑后半针钩24针中长针。（共2圈）

第4圈：挑后半针钩2针中长针，挑后半针钩中长针2针并1针，[挑后半针钩4针中长针，挑后半针钩长针2针并1针]重复3次，挑后半针钩2针中长针。（20针）

第5圈：挑后半针钩1针中长针，挑后半针钩中长针2针并1针，[挑后半针钩2针中长针，挑后半针钩中长针2针并1针]重复4次，挑后半针钩1针中长针。（15针）

第6圈：[挑后半针钩短针2针并1针，挑后半针钩1针短针]重复5次。（10针）

断线并按照挑后半针收针的方法，将剩下的10针收紧（详见重点教程P67）。将多余的线头藏好。

翅 膀

翅膀织片（制作4个）

2个翅膀织片按照下述方法单独编织完成，接着进入第2步将2个织片制作成其中一边翅膀。

使用米白色线，按照锁针链起针的方法，钩8针锁针。

第1圈：从倒数第2针开始钩织，2针短针，2针中长针，2针长针，3针锁针，在最后1针上钩[1针长针，3针锁针]重复2次，旋转织片，在锁针链剩下的半针上钩织：2针长针，2针中长针，2针短针。（14针+3个锁针3针的洞眼）

断线并按照隐形收针的方法在第1针的针脚收针（详见重点教程P66）。多余的线头顺着反面的纹理藏进去。

2个织片相连成一个翅膀

将2个织片反面相对（正面朝外）。钩针同时穿入2个织片对应的线圈或对应洞眼，沿着边缘将2个织片钩织在一起。

按照直立短针换线法（详见重点教程P65），在2个织片尖端的闭合线圈上加入米白色线（算作第1针）：

第1圈：6针短针，[3针锁针洞眼里钩5针短针]重复3次，6针短针，在闭合线圈上再钩1针短针。（29针）

预留长一些线头断线，用于后续缝合到腰带上，按照隐形收针的方法在第1针的针脚上收针（详见重点教程P66）。

组 合

苍蝇眼睛和触角

用眼睛预留的长线头将两只眼睛分别放在帽沿第3圈（从帽沿往帽顶数）和帽顶第3圈（从帽顶往帽沿数）之间，位于左右两侧。在眼睛里填充少量填充物塑形，用珠针固定在对应位置并缝合（详见重点教程P69）。

将触角缝合在帽沿往帽顶数第3圈的位置，触角之间间隔2针。

翅膀

将翅膀缝在腰带后面接缝的左右两侧，稍微间隔一些距离（参照图片）。

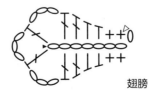

翅膀

SNAIL 蜗牛

材料：

钩针：US C/2（2.25mm 或 2.5mm）

线材：Scheepjes Catona 4股（sport），100%棉，25g/62m——各1团

· 130号 浅米色（米白色）
· 254号 月岩色（浅棕色）
· 208号 金黄色（黄色）

其他：

· 填充物
· 5mm黑色安全眼睛

身体

前片

使用浅棕色线，按照锁针链起针的方法，钩6针锁针。

第1行：从倒数第2针锁针开始，挑锁针链反面的里山钩织（详见重点教程P63）：5针短针，翻转织片。（5针）

第2行：1针锁针起立针（不算作1针，往下同理），5针短针，翻转织片。

第3行：1针锁针起立针，短针1针分2针，3针短针，短针1针分2针，翻转织片。（7针）

第4行：1针锁针起立针，7针短针，翻转织片。

第5行：1针锁针起立针，短针1针分2针，5针短针，短针1针分2针，翻转织片。（9针）

第6~10行：1针锁针起立针，9针短针，翻转织片。（共5行）

第11行：1针锁针起立针，短针2针并1针，5针短针，短针2针并1针，翻转织片。（7针）

第12行：1针锁针起立针，短针2针并1针，3针短针，短针2针并1针，翻转织片。（5针）

第13行：1针锁针起立针，短针2针并1针，1针短针，短针2针并1针，翻转织片。（3针）

第14行：1针锁针起立针，短针2针并1针，1针短针，翻转织片。（2针）

第15行：1针锁针起立针，短针2针并1针。（1针）

断线并收针。

后片

使用浅棕色线，按照锁针链起针的方法，钩8针锁针。

第1行：从倒数第2针锁针开始，挑锁针链反面的里山钩织（详见重点教程P63）7针短针，翻转织片。（7针）

第2行：1针锁针起立针（不算作1针，往下同理），7针短针，翻转织片。（7针）

第3行：1针锁针起立针，3针短针，短针1针分2针，3针短针，翻转织片。（8针）

第4行：1针锁针起立针，8针短针，翻转织片。

第5行：1针锁针起立针，3针短针，[短针1针分2针]重复2次，3针短针，翻转织片。（10针）

第6行：1针锁针起立针，10针短针，翻转织片。

第7行：1针锁针起立针，4针短针，[短针1针分2针]重复2次，4针短针，翻转织片。（12针）

第8~9行：1针锁针起立针，12针短针，翻转织片。（共2行）

第10行：1针锁针起立针，4针短针，[短针2针并1针]重复2次，4针短针，翻转织片。（10针）

第11行：1针锁针起立针，3针短针，[短针2针并1针]重复2次，3针短针，翻转织片。（8针）

第12行：1针锁针起立针，2针短针，[短针2针并1针]重复2次，2针短针，翻转织片。（6针）

第13行：1针锁针起立针，1针短针，[短针2针并1针]重复2次，1针短针，翻转织

片。（4针）

第14行：1针锁针起立针，[短针2针并1针]重复2次，翻转织片。（2针）

第15行：1针锁针起立针，短针2针并1针。（1针）

断线并收针。

组合前后片

将前片和后片重叠，一针对应一针，正面面向自己，起针的一端朝右，收针一端朝左，按照下述方法说明，钩针同时穿入2个织片对应的位置，将2个织片钩织在一起：

按照直立短针换线法（详见重点教程P65），在织片第15行侧边加入浅棕色线，沿着每行侧边钩13针短针，一直尾部尖端剩下的1个线圈，在线圈里钩"3针短针"，接着，沿着织片另一个侧边钩14针短针（见图1），一直钩到起针锁针链一端，也就是蜗牛脖子位置，1针锁针，织片顺时针旋转90°，挑前片锁针链剩下的半针钩织：2针短针（在第1针上用记号扣标记——这一针是下一圈编织头部时的起始位置），短针1针分2针，2针短针，翻转织片，此时后片面向自己，挑后片锁针链剩下的半针钩织，3针短针，短针1针分2针，3针短针（见图2），现在脖子的针数一共是14针，用于往下编织头部，在身体填充一些填充物塑形。

头 部

使用米白色线，按照从下往上头部的编织方法完成（详见基本形状：头部P76）。

帽 子

使用浅棕色线，按照帽子标准平帽沿的编织方法完成（详见基本形状：帽子P77）。

触 角

使用浅棕色线，按照魔术环起针法起针（详见重点教程P61）。

第1圈：在线圈里钩6针短针。（6针）

第2圈：[短针1针分2针]重复6次。（12针）

第3圈：12针短针。

第4圈：[短针2针并1针]重复6次。（6针）

在内部少量填充。

第5~6圈：6针短针。（共2圈）

第7圈：[短针1针分2针]重复6次。（12针）

在第1针的针脚上引拔结束这一圈，预留长一些的线头断线，用于触角缝合，按照隐形收针的方法收针（详见重点教程P66）。

"我现在是不是像只鼻涕虫？"

"嘘！你光溜溜的呢！"

蜗 牛 壳

使用黄色线，按照魔术环起针法起针（详见重点教程P61）。

第1圈： 在线圈里钩7针短针。（7针）

第2圈： [短针1针分2针]重复7次。（14针）

第3圈： [1针短针，短针1针分2针]重复7次。（21针）

第4圈： 1针短针，短针1针分2针，[2针短针，短针1针分2针]重复6次，1针短针。（28针）

第5圈： [3针短针，短针1针分2针]重复7次。（35针）

将钩针上的黄色线圈取下，并在线圈里扣上记号扣——在后面的钩织中仍需编织这一部分。接下来，使用2种颜色的线交替钩织形成螺旋形状。

按照活结换线法，挑上一圈第1针针脚的后半针，加入米白色线（详见重点教程P65）。

第6圈： 1针锁针，挑针脚后半针钩34针引拔针。将钩针上的米白色线圈取下，在线圈里扣上记号扣。（34针）

第7圈： 钩针穿上记号扣上的黄色线圈：挑上一圈第1针米白色引拔针针脚的后半针钩1针引拔针，挑后半针钩1针短针，挑后半针钩1针中长针，挑后半针钩1针长针，[挑后半针钩长针1针分2针，挑后半针钩4针长针]重复6次，挑后半针钩长针1针分2针。（42针）

第8圈： 取下黄色线圈，钩针穿上米白色线圈：42针引拔针。

第9圈： 取下米白色线圈，钩针穿上黄色线圈：挑后半针钩42针长针。

第10圈： 取下黄色线圈，钩针穿上米白色线圈：[跳过1针不钩，1针引拔]重复21次。（21针）

第11圈： 取下米白色线圈，钩针穿上黄色线圈：[挑后半针钩1针长针，挑后半针钩长针1针分2针]重复10次，挑后半针钩1针长针。（31针）

第12圈： 取下黄色线圈，钩针穿上米白色线圈：1针引拔针，[跳过1针不钩，1针引拔针]重复15次。（16针）

第13圈： 取下米白色线圈，钩针穿上黄色线圈：挑后半针钩16针中长针。

在蜗牛壳内部填充少量填充物，足够塑形即可。

第14圈： 取下黄色线圈，钩针穿上米白色线圈：[跳过1针不钩，1针引拔针]重复8

次。（8针）

第15圈：取下米白色线圈，钩针穿上黄色线圈：8针短针。

继续在蜗牛壳尖端内部填充少量填充物。

米白色线头预留长一些断线，线头穿过最后1个线圈并拉紧。黄色线头断线，并挑剩下8针的前半针收针（详见重点教程P66），多余的线头藏好。

将米白色线头穿上缝衣针。接下来沿着螺旋纹理制作扭针缝，缝衣针穿入黄色线圈收针位置的中心，再从线头断线位置穿出。

将蜗牛壳尖端朝上，按照挑前半针收针的相同手法，挑米白色针脚前半针（见图3），每挑5针就将线轻轻拉出，线头稍微拉紧，但要保持织片平整。

按照这样的方法一直挑完所有的米白色针脚。最后2圈的米白色针脚不要拉太紧。

组 合

蜗牛壳

将蜗牛壳放在蜗牛身体的背部，蜗牛壳底部最后1针米白色线圈与身体尾部尖端在同一水平线上。使用珠针将蜗牛壳固定在身体上便于缝合（见图4和图5）。用黄色线，挑蜗牛壳底部黄色针脚剩下的前半针与身体缝合。

触角

用预留的线头将触角缝到帽子上（详见重点教程P69）。缝合位置在从帽沿往帽顶数，第4圈和第9圈之间。两个触角之间的距离以第6圈作为参考，间隔3~4针。帽子在佩戴之后，触角需保持在眼睛同一垂直线上。

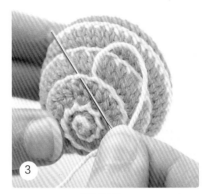

3

4

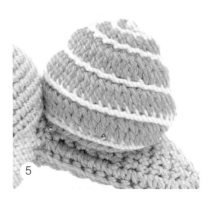

5

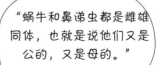

"蜗牛和鼻涕虫都是雌雄同体，也就是说他们又是公的，又是母的。"

117

APHID 蚜虫

自然创造了令人印象深刻的蚜虫，他们五颜六色——绿色、黄色、橘色、棕色、黑色、白色、红色、甚至杏色。选你最喜欢的颜色钩织吧！

"最后，昆虫界的重中之重…我！"

材料

钩针：US C/2（2.25mm 或 2.5mm）

线材：Scheepjes Catona 4股（sport），100%棉，25g/62m——各1团
· 205号 猕猴桃色（柠檬绿）
· 392号 黄绿色（淡绿色）

其他：
· 5mm黑色安全眼睛
· 3mm 淡绿色串珠6颗（供参考）
· 串珠线
· 填充物

身体

使用淡绿色线，按照魔术环起针法起针（详见重点教程P66）。

第1圈：在线圈里钩5针短针。（5针）

第2圈：[短针1针分2针]重复5次。（10针）

第3圈：[1针短针，短针1针分2针]重复5次。（15针）

第4圈：1针短针，短针1针分2针，[2针短针，短针1针分2针]重复4次，1针短针。（20针）

在第3圈和第4圈之间安上眼睛——第1颗眼睛安在第4圈第2次加针的短针下方，第2颗眼睛安在同一圈第4次加针的短针下方。

换柠檬绿色线。

第5圈：[挑后半针钩3针短针，挑后半针钩短针1针分2针]重复5次。（25针）

第6圈：25针短针。

第7圈：2针短针，短针1针分2针，[4针短针，短针1针分2针]重复4次，2针短针。（30针）

第8~10圈：30针短针。（3圈）

第11圈：[短针2针并1针，3针短针]重复6次。（24针）

第12圈：24针短针。

第13圈：1针短针，短针2针并1针，[2针短针，短针2针并1针]重复5次。（18针）

第14圈：[短针2针并1针，1针短针]重复6次。（12针）

填充身体。

第15圈：[短针2针并1针]重复6次。（6针）

再继续填充饱满身体。断线并按照挑前半针收针的方法，将剩下的6针收紧，多余的线头藏好。

"我们和蚂蚁之间有很特殊的关系。我们生产蜜汁给他们，他们保护我们不受到捕食者和其他伤害作为报酬。就像农夫与他们的牛之间的关系一样。"

收尾

触角

　　取一段10cm长的淡绿色线头，一端打结，另外一端穿上缝衣针，从身体底部任意位置穿入缝衣针，并从前额正中心的2针位置穿出，也就是身体第4圈前半针正中心位置穿出，在此过程中确保缝衣针穿过内部填充物！拉出线头，使线头打结的一端隐藏在了织物里，不会暴露在织物表面。缝衣针上的线头在头部上方大约2cm位置再打一个结，修剪结上方多余的线头，再用同样的方法在前额上间隔2针的位置制作另外一个触角。

脚

使用线材制作脚

　　取一段10cm长的淡绿色线头，一端打结，另外一端穿上缝衣针，在身体底部任意位置穿入缝衣针，穿过内部填充物，在第1只脚的位置，穿出缝衣针（位置参考图1）。拉出线头，使线头打结一端隐藏在了织物里。在另外一侧线头上约1cm位置再打一个结，修剪结上方多余的线头，重复前面制作方式直到制作好6只脚，注意两侧脚的位置要对称。

使用串珠制作脚

　　在身体两侧各缝3颗串珠，位置在同一条线上，第1只脚在身体柠檬绿色第1圈和第2圈之间，第2只和第3只脚彼此间隔1圈的距离（见图1）。
　　取一段较长的串珠线（或透明线），一端打结，另外一端穿上缝衣针。穿入身体（以及内部填充物），在另一侧需要缝第1只脚的位置穿出。拉出线头，使打结的线头隐藏在织物里。穿上一颗3mm串珠，然后在前面穿出的同一个位置穿入缝衣针，从下一圈第2只脚位置穿出，重复第1只脚的制作方式完成同一侧其余2只脚（见图2）。接下来在另外一侧第1只脚位置穿出，并按照前面的方法缝上3颗串珠完成这一侧的3只脚。

腮红

　　使用粉色线，在眼睛下方绣上一点腮红。

安全提示：
　　如果该玩偶用于作为3岁以下儿童的玩具，请勿使用串珠制作蚜虫的脚。

VENUS FLYTRAP 捕蝇草

在这里将这种特殊的植物制作为口金开口的版本，
但是制作方法说明也同样适用于拉链开口。

材料

钩针：US E/4（3.5mm）

线材：Scheepjes Stone
Washed XL（worsted），
70%棉、30%丙烯酸纤
维，50g/75m——各1团

· 859号 碧玉色（浅绿色）
· 847号 红碧玉（红色）
· 856号 珊瑚色（橘色）

其他：

· 金色金属质感的缝衣线
或刺绣线（Rico Design
Metallic No.40，色号941
金色）（供参考）
· 硬尼龙绳
· 半圆口金，20cm ×
10.5cm或30cm 拉链

制作方法

捕蝇草由2个圆织片组成：外层织片
由浅绿色线和金属质感的线合股钩织而
成，内层织片由红色和橙色线钩织而成。

提示：

每圈起始的3针锁针起立针算作
第1针长针。

从第3圈开始，每圈第1针长针
在起立针相邻的针脚上钩织。

外层织片

使用浅绿色线和金属质感的线合股，
按照魔术环起针法起针（详见重点教程
P61）。

第1圈：3针锁针起立针（算作第1针长
针，往下同理），在针脚里钩11针长
针，在起立针上引拔结束。（12针）

第2圈：3针锁针起立针，在起立针下方
对应的针脚上钩1针长针，[长针1针分2
针]重复11次，在起立针上引拔结束。
（24针）

从下一圈开始钩完3针锁针起立针
后，在相邻的针脚开始往后钩织。

"捕蝇草是地球
上反应速度最快
的植物。"

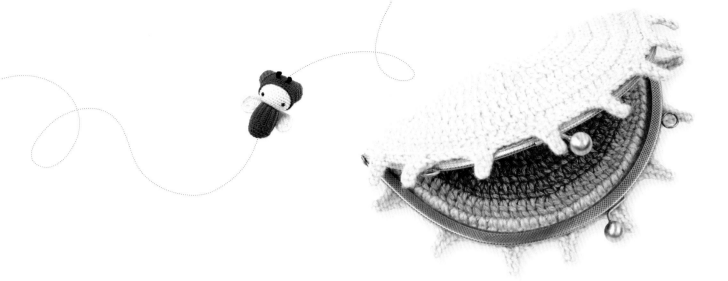

第3圈：3针锁针起立针，长针1针分2针，[1针长针，长针1针分2针]重复11次，在起立针上引拔结束。（36针）

第4圈：3针锁针起立针，1针长针，长针1针分2针，[2针长针，长针1针分2针]重复11次，在起立针上引拔结束。（48针）

第5圈：3针锁针起立针，2针长针，长针1针分2针，[3针长针，长针1针分2针]重复11次，在起立针上引拔结束。（60针）

第6圈：3针锁针起立针，3针长针，长针1针分2针，[4针长针，长针1针分2针]重复11次，在起立针上引拔结束。（72针）

第7圈：3针锁针起立针，4针长针，长针1针分2针，[5针长针，长针1针分2针]重复11次，在起立针上引拔结束。（84针）

第8圈：3针锁针起立针，5针长针，长针1针分2针，[6针长针，长针1针分2针]重复11次，在起立针上引拔结束。（96针）

断线并按照隐形收针的方法在第1针长针的针脚上收针（详见重点教程P66）。

多余的线头顺着织物反面的纹理藏进去。

内层织片

使用红色线按照提示，使用魔术环起针法起针，并按照外层织片第1~6圈的编织方法完成前6圈。

提示：

钩织内层织片时，每针都尽量比外层织片拉紧一些，这样钩织的内层织片比外层织片稍微小一些。如果没有办法拉更紧，在钩织最后1圈时（第8圈），钩织中长针代替长针。

第7圈：3针锁针起立针，4针长针，长针1针分2针，[5针长针，长针1针分2针]重复11次。（84针）

断线并按照隐形收针的方法在第1针长针的针脚上收针。

按照活结换线法在闭合针脚上加入橘色线。

第8圈：3针锁针起立针，5针长针，长针1针分2针，[6针长针，长针1针分2针]重复11次。（96针）

断线并按照隐形收针的方法在第1针长针的针脚上收针。

多余的线头顺着织物反面的纹理藏进去。

①

2个织片相连成1片（用于口金包版本）

2个织片正面朝外，相互平整叠放。浅绿色织片在上方，红色织片在底部。

按照下述方法说明，钩针同时穿入2个织片对应的针脚，将2个织片钩织在一起：

按照活结换线法，同时在2个织片闭合针脚上加入浅绿色线和金属质感的线合股的线材。

第9圈： 3针锁针起立针，6针长针，长针1针分2针，[7针长针，长针1针分2针]重复11次。（108针）

断线并按照隐形收针的方法在第1针长针的针脚上收针（详见重点教程P66）。多余的线头顺着织物反面的纹理藏进去。

齿边

翻转织片使红色织片的一面面向自己，按照活结换线法在上一圈闭合针脚上加入浅绿色线和金属质感的线合股的线。

第10圈： [5针引拔针，5针锁针，下面挑锁针反面的里山钩织，从倒数第2针的里山开始钩：2针引拔针，2针短针，跳过圆织片相邻的针脚不钩]重复8次，6针引拔针，[5针引拔针，5针锁针，下面挑锁针反面的里山钩织，从倒数第2针的里山开始钩：2针引拔针，2针短针，跳过圆织片相邻的针脚不钩]重复8次，5针引拔针。

断线并按照隐形收针的方法在第1针引拔针的针脚上收针。多余的线头顺着织物反面的纹理藏进去。

收尾

缝口金

用硬尼龙绳，沿着圆织片第9圈的针柱缝到口金上。

定型

为了使齿边更平整，在缝合完口金后，用珠针定型（见图1）。打开口金，将内层织片朝上放置，拉平每个齿边缘，用珠针固定好，并在上面喷上水，等待完全晾干。

拉链版本供参考

制作拉链版本时，需将拉链夹在2个织片中间缝合。制作时，在2个织片钩织完第9圈后，将织片正面朝外，相互平整叠放，拉链夹在织片中间，沿着边缘缝合。缝合完成后，在外层织片第9圈上钩织第10圈的齿边。

122

LEAF 叶子

材料

钩针： US E/4 或 US G/6（3.5mm 或4mm）

线材： Scheepjes Stone Washed XL（worsted），70%棉、30%丙烯酸纤维，50g/75m

· 1团846号加拿大碧玉色（绿色）

其他推荐色号：

· 859号 碧玉色（浅绿色）
· 852号 柠檬石英（黄色）
· 849号 黄玉色（芥末黄）
· 856号 珊瑚色（橙色）

其他：

· 20mm木珠或纽扣（供参考）

提示：
从第3圈开始，每圈第1针长针在起立针相邻的针脚上钩织。
每圈都在起立针的第3针锁针上引拔结束。

制作方法

使用绿色或其他色线，按照魔术环起针法起针（详见重点教程P61）。

第1圈： 3针锁针起立针（算作第1针长针，往下同理），在针脚里钩13针长针，在起立针上引拔结束。（14针）

第2圈： 3针锁针起立针，在起立针下方对应的针脚上钩1针长针，[长针1针分2针]重复3次，[长针1针分2针]重复6次，[长针1针分2针]重复4，在起立针上引拔结束。（28针）

从下一圈开始钩完3针锁针起立针后，在相邻的针脚开始往后钩织。

第3圈： 3针锁针起立针，[长针1针分2针，1针长长针]重复5次，[长长针1针分2针，1针长长针]重复3次，长长针1针分2针，[1针长针，长针1针分2针]重复5次，在起立针上引拔结束。（42针）

第4圈： 3针锁针起立针，1针长针，长针1针分2针，[2针长针，长针1针分2针]重复4次，2针长针，长长针1针分2针，[2针长长针，长长针1针分2针]重复3次，[2针长针，长针1针分2针]重复5次，在起立针上引拔结束。（56针）

第5圈： 3针锁针起立针，2针长针，长针1针分2针，[3针长针，长针1针分2针]重复4次，3针长针，[长长针1针分2针，3针长长针]重复2次，长长针1针分2针，[3针长针，长针1针分2针]重复6次，在起立针上引拔结束。（70针）

第6圈： 3针锁针起立针，3针长针，长针1针分2针，[4针长针，长针1针分2针]重复3次，2针长针；第1个缺角："1针长针+2针锁针+1针短针"，"1针短针+2针锁针+1针引拔针"，2针引拔针，"1针短针+2针锁针+1针短针"，1针短针，"1针短针+2针锁针+1针长针"，3针长针，"1针长针+1针长长针"，2针长长针，"1针长长针+锁针2针的狗牙针+1针长长针"，2针长针，"1针长长针+1针长针"，[4针长针，长针1针分2针]重复3次，3针长针；第2个缺角："1针长针+2针锁针+1针短针"，2针短针，2针锁针，4针引拔针，"1针短针+2针锁针+1针长针"，4针长针，长针1针分2针，在起立针上引拔结束（一共87针，不包含2针锁针部分和狗牙针部分）；继续钩织叶杆：13针锁针，再在下方对应的位置引拔结束。

断线并按照隐形收针的方法收针（详见重点教程P66）。

收尾

将多余的线头顺着织片反面的纹理藏好。

将木珠或纽扣缝在叶尖大约第5圈和第6圈之间。

现在您可以将毛毛虫和卵放在叶子上包裹起来，将叶杆的针脚套在纽扣上。

关 于 作 者

嗨，我是莉迪亚！

我是一个钩编狂热者、毛线购物狂以及蜗牛壳收集者（只是我众多爱好之一）。同时，我也是lalylala玩偶部落的首领。我最令人印象深刻的技能之一就是边走路边钩织。

我最大的灵感来源是我的小儿子，他也最常被我选为玩具和故事的体验者。

我也是一个幸运的人，因为有一个总是支持我的男人，他不仅耐心地给予我支持，还能为此书写出如此美好的故事。而且他也是世上绝无仅有的毫无实践经验的理论钩针专家。

和毛线打交道的经历就像有一根红绳贯穿我的生活。你不会遇见一个没有带着满满毛线和钩针的我。当我还是个孩童的时候，曾祖母就教会我如何钩编。但在少年时代，我停止了一段时间。后来怀着童心，我又重拾了这根红线，进入Lalyla乐园，在里面结识许多朋友。他们大多数都是穿着奇怪动物服装的顾客，但是我喜欢他们！

快来www.lalylala.com小饮一杯咖啡或是玩点儿钩编，加入我们吧！

 facebook.com/lalylala.handmade

 instagram.com/lalylaland

鸣 谢

首先，感谢您，我亲爱的lalylala钩编朋友！如果没有你们矢志不渝的热情和支持，我也不会编写出这样的书籍。

写一本书需要一家信任作者和作品的出版社。

我想感谢F&W传媒国际这样一个可爱的团队：

感谢莎拉·卡拉尔和杰尼·汉纳的完美准备以及在项目和整个团队之间的协调。感谢谢丽尔·布朗，以她难以置信的能力将所有完成的松散部分最终联系在一起，并整合成书。感谢安娜·韦德的创意理念，将此书设计得如此吸引人，并且感谢她对我所有的提议耐心相待。感谢普鲁根斯·罗杰为此书绘出如此有魔力和美好的插画，将昆虫们表现得活灵活现。感谢琳妮·罗在制作方法校对中对大大小小问题的专业纠正。

感谢Scheepjes毛线的慷慨供应。感谢DeBondt的艾迪·科里唯京。

最后，由衷地感谢并拥抱我的家人和朋友，谢谢他们的赞美、批评、鼓励以及关爱。感谢卡特娅协助英文翻译和润色故事细节。最后尤其感谢在钩针昆虫朋友的冒险过程中伟大的记录者——米沙，感谢你的想象和心平气和，以及放弃无数陪伴孩童活动的时光和不间断的咖啡供应！

供 应 商

关于Scheepjes 线材：

英国
DERAMORES
www.deramores.com

WOOL WAREHOUSE
www.woolwarehouse.co.uk

LOOP
www.loopknitting.com

BLACK SHEEP WOOLS
www.blacksheepwools.com

美国
PARADISE FIBERS
www.paradisefibers.com

AMERICA'S YARN STORE
www.yarn.com

全球
ETSY
www.etsy.com

关于金属质感线材、拉链、串珠、纽扣和Prym产品：

SEWANDSO
www.sewandso.co.uk

HOBBYCRAFT
www.hobbycraft.co.uk

JO ANN FABRIC & CRAFT STORES
www.joann.com

HOBBY LOBBY
www.hobbylobby.com

JOHN LEWIS
www.johnlewis.com

原文书名：Lalylala's Beetles Bugs and Butterflies: A Crochet Story of Tiny Creatures and Big Dreams
原作者名：Lydia Tresselt
Copyright © Lydia Tressalt, F&W Media International, LTD, 2017, Pynes Hill Court, Pynes Hill, Rydon Lane, Exeter, Devon EX2 5SP, England
本书中文简体版经 F&W Media International 授权，由中国纺织出版社独家出版发行。

著作权合同登记号：图字：01-2018-1434

图书在版编目（CIP）数据

化茧成蝶：编织你的睡前故事 /（德）莉迪亚·崔塞特著；王荆，刘蕊译. -- 北京：中国纺织出版社，2019.1
书名原文：Lalylala's Beetles Bugs and Butterflies: A Crochet Story of Tiny Creatures and Big Dreams
ISBN 978-7-5180-5431-2

Ⅰ.①化… Ⅱ.①莉… ②王… ③刘… Ⅲ.①手工编织—制作方法 Ⅳ.① TS935.5-64

中国版本图书馆 CIP 数据核字（2018）第 218804 号

责任编辑：刘 茸　　　　特约编辑：张瑶
责任印制：储志伟　　　　装帧设计：培捷文化

中国纺织出版社出版发行
地址：北京市朝阳区百子湾东里 A407 号楼　邮政编码：100124
销售电话：010—67004422　传真：010—87155801
http://www.c-textilep.com
E-mail: faxing@c-textilep.com
中国纺织出版社天猫旗舰店
官方微博 http://weibo.com/2119887771
北京通天印刷有限责任公司印刷　各地新华书店经销
2019 年 1 月第 1 版第 1 次印刷
开本：710×1000　1/12　印张：40.5
字数：126 千字　定价：68.00 元